小作農民の歴史社会学

「太一日記」に見る暮らしと時代

細谷 昂 著
Hosoya Takashi

御茶の水書房

はじめに——この本の主題とねらい——

この本では山形県庄内地方のある小作農民の日記を取り上げ、彼の働きと日常生活、そこに含まれる彼の思いや行動をかいま見ることにしたい。日記の著者は、阿部太一、住所は山形県西田川郡大泉村大字白山林（通称白山、現鶴岡市）である。この辺りは、山形県でも独自の地域をなしており、一般に「庄内地方」と呼ばれている。かつての庄内藩領である。この本で取り上げる時代は大正から昭和前期、つまり日中戦争から敗戦を含む時期である。まことに日本の激動の「時代」であるが、かれ自身もこの時期、個人的にも、豊かな自作農からすべての所有地を失って小作農に転落するという人生の激変を経験している。その間の赤裸々な記録がこの日記である。

出来るだけ忠実に紹介することにしたいが、しかし復刻ではない。庄内農民の日記の復刻・紹介としては、飽海郡本楯村大字豊原（現酒田市）の伊藤（後藤）善治のそれが、往年の農林省農業総合研究所の研究者たちによって、『善治日誌』として公刊されている。この本は、善治の日誌の忠実な復刻とともに、農学の研究者たちによる、「農」の営みを中心とする紹介によって編集されており、そのようなものとして、まことに貴重な学問的寄与となっている。それは、紹介者達の専門分野によるとともに、筆者である善治の日誌そのものの性格によるところが大きい。つまり日誌それ自体が、日々の天候や「農」の営みの忠実な記録からなっており、その他の個人的思いや行動については、ほとんど触れられていないのである。[1] しかし、ここに紹介する阿部太一の日記は、それとは性格が異なる。むろん、「農」の営みに触れているが、しかしそれだけでなく、むしろ日々の暮らしの中での個人的思いや行動が記録の中心になっており、そこには色濃く時代が反映されている。副題を「暮らしと時代」とした所以である。

著者はこの日記を、農村社会学の立場から取り上げることにしたい。それが、右のような日記そのものの性格にも見合っていると思う。農村社会学の対象は、「農」を営む人々の思いや行動、それらが織りなす意味的世界だということができよう。ここで取り上げる庄内農民阿部太一の「暮らし」は、それに当たる。むろんそこには、耕地や水利にかかわる自然条件、生産した米や野菜などを売る場合に関わる商品関係等、人間の意識を越えた客観的な諸条件も関わっている。また、農業政策などの、それ自体は人間の意思行為だが、農民個々人では容易に動かすことができない大きな社会的動きも関わっている。この報告で注目する「時代」もそれに当たる。これらは、個人の願いや行動を越えた、いわば外的な諸条件といえようが、しかし、それらも農民たちの意味的世界の中に読み込まれることによって、かれらの願いや行動を規制することになる。

農村社会学が、このような農民たちの意味的世界を取り扱う研究分野だとするならば[2]、かれらが記した日記は、格好の研究の素材といってよいが、しかしそこには難しい問題が横たわっている。いわゆるプライバシーの問題である。

これまで著者は、農民たちの語りや手記などを研究の素材として取り上げながら、しばしばそれらの研究素材を提供してくれた人々を実名で紹介して来た[3]。ただ、これらの場合は、著者に語りや手記を提供してくれた方々が、著者が研究者であることをご存知で、したがって、それ等が論文や著書に取り上げられるであろうことをあらかじめ承知の上で、面接に応じたり資料を提供して下さったと見ることができる。しかし、日記となると事情は違う。日記を貸して下さり、コピーをも許して下さった当人はそれが論文や著書の資料になることは想定しておられたかもしれないが、日記に登場するのは、本人だけでなく家族や近隣の方々など、さまざまである。日記に書き記されたこともご存じないだろう。そういう方々の実名を公表することには、懸念が残る。

そこで本書執筆に当たって、初めは登場人物を仮名で記すことを試みてみた。とくに個人情報に敏感な近年の日本の社会状況に照らして、その方が妥当かと考えたからである。しかし執筆過程で再考した結果、基本的に実名で記すことにした。その理由は、まず第一に、ここに取り上げる日記は、かつて日本農村に広範に存在した小作農民の生活の記録としてまこと貴重であり、その筆者である阿部太一と、その中に記された人々の思いや行動を実名で紹介することによって、歴史的資料として後世に残したいと考えたからである。それを著者の勝手な改稿によってゆがめることははばかられた。それとともに第二に、この阿部太一日記に関わる出来事、人名については、すでにいくつかの文献が公刊されており、その内容を引用、ないしそれと照合することを可能にするためには、それら文献に記されているままの実名で記すことが必要であった。例えば、阿部太一家の経営について分析した田崎宣義の論文(4)は、対象になっている阿部太一家の家族について、すべて実名で記載している。また阿部太一自身の編著にかかる隣家の政治家鶴見孝太郎の伝記(5)は、その主人公である鶴見孝太郎とその一族について、すべて実名で紹介している。その他第三に、この日記には、庄内地方各地の郷土史に紹介されているような人物が数多く登場している。さらに、地主、講演会講師、稲の品種の作出者名など、社会的に知られた人物については、実名で紹介することの方が、日記の内容について読者の理解を得ることに資すると考えられるからである。また同様な理由から、個人名ではないと見られる名称、例えば屋号、村つまり部落名なども、日記に登場するそのままに記載することにする。

さて、右に紹介した田崎宣義の論文は、阿部太一の経営を経営史的観点から分析した研究で、筆者が社会学観点から働きと日常生活、それらをめぐる思いを探ろうとする試みとは異なる。しかし、社会学的分析にとっても、経営分析は大いに参考になるので、まずこの田崎の研究によって、阿部家の経営と家族の概略を知ることから始めることにしよう。

田崎によると、「二九年（一九二九年、以下田崎は西暦で書いている）七月まで、太一家は阿部太治兵衛家の『大家族制』のなかに含みこまれていた」という。この田崎の「大家族制」という規定は、社会学的にはまことに興味があり、もっと具体的に知りたい所だが、田崎はそこには踏み込むことなく、簡単にそのように述べているだけである。

そこで先に進むと、この太治兵衛家の隣には、庄内では著名な政治家だった代議士の鶴見孝太郎が居住していたが、この人物は「二四年の衆院選で代議士の座を失い、さらに二七年の県議選でも苦杯をなめて、二八年累積した負債をかかえて破産をむかえた」。太治兵衛家は、この隣家の銀行からの借入金三万円の保証人になっていたため、二八年九月に立毛差押処分を受け、「ここに太治兵衛家は田畑七町歩、山林二二町歩を失って小作農に転落し、翌年七月太一家が太治兵衛家から分家独立して、ここにいまひとつの小作農家の歩みがはじまる」ことになったという。右の記述の中の「分家独立」という言葉も社会学的には気になるところだが、この問題も先に譲って、田崎の記述をさらに読み進むと、新しい太一家は「祖父母、父母を含む一〇人の家族に、『水田二町六反、畑五畝、牛一頭』の小作農家であった」。そしてその「家族一〇人とは、祖父母、父母、弟二人（安吉、博）、妹三人（民恵、弥生、好）である」とされている。(6)

著者が阿部太一から日記を借りたのは、一九八五（昭和六〇）年だったが、この時の面接で小作農に転落する前の阿部太治兵衛家の経営について、「自作は六町五反、他に貸し付けが五反、水田の二分の一が湿田、二分の一が乾田、大正一二、三年から乾田の分は馬耕、馬一頭、牛一頭。労働力は父と太一自身、他に若勢（年雇）男二人、女二人、合計六人でやっていた。湿田の乾田化は昭和三（一〇二八）年から。その前は谷地は手打ちでやった。備中鍬で。自分もやった(7)」と述べている。先の田崎の説明によると、阿部太治兵衛家は「大家族」といわれていたが、ここで紹介されている労働力は、太一と父の他はすべて雇傭労働力である。太治兵衛家の当主やその直系の家族員は農業労働は行っていなかったのであろうか。

この点は不明だが、ともあれ以上を予備知識として、これから阿部太一の日記を繙くことにしよう。

(1) 豊原研究会『善治日誌——山形県庄内平野における一農民の日誌——』東京大学出版会、一九七七年。

(2) Max Weber, Soziologishe Grundbegriffe, in *Wirtschaft und Gesellschaft*, Tubingen, 1947, S.1.（阿閉吉男・内藤莞爾訳『社会学の基礎概念』角川文庫、一九五四年、九ページ）。また、新明正道『社会学の基礎問題』弘文堂、一三九ページ、を参照されたい。関連して筆者は、とくに社会学的なモノグラフ調査の性格について、統計的調査とは異なって数量的な一般性はもちえないが、いわば「意味的普遍性」を持つことができると述べたことがある。参照願えれば幸いである（拙稿「庄内モノグラフ調査をめぐって」、日本村落研究学会『村落社会研究ジャーナル』46、二〇一九年、一九ページ以下）。

(3) 近著として、細谷昂『庄内稲作の歴史社会学――手記と語りの記録――』御茶の水書房、二〇一六年、もすべて実名で記述したが、そこには、記されている「手記と語り」の内容がすべて稲作についてであって、とくに私的生活に関わることではない、という点も関わっていた。

(4) 田崎宣義「昭和初期地主制下における庄内水稲単作地帯の農業構造とその変動」、土地制度史学会『土地制度史学』第七三号、一九七六年。田崎宣義「戦時小作農家の地主小作関係」、『一橋論叢』第八〇巻第三号、一九七九年。および、田崎宣義「小作農家の経営史的分析――一九三一・三～一九三六・二――」一橋大学研究年報　社会学研究21、一九八二年。田崎宣義「小作農家の経営史的分析――一九三六・三～一九四一・二（一）」一橋大学研究年報　社会学研究22、一九八四年。

(5) 阿部太一編著『鶴見孝太郎小傳』鶴見孝太郎「孫の会」、一九七九年。

(6) 上掲、田崎宣義、一九八二年、一八九～一九〇ページ。

(7) 一九八五年時点の著者の調査ノートによる。

目次

小作農民の歴史社会学

――「太一日記」に見る暮らしと時代――

1　少年の日々

【大正一二年（一九二三年）】

日記は大正一二（一九二三）年に始まる。太一は明治四〇（一九〇七）年九月生まれ、満一五歳である。自分の意志で日記を書き始めるにはずいぶん早いと思うが、どういう動機で日記を記し始めたのは書いてないので分からない。

正月

まず一月一日の記述から見ることにしよう。日記帳は、市販のもので、ページの上の方が線で区切ってあって、当日の天気や予定を書く欄になっている。そこに「吹雪、寒し」とあって、「一日一言　一年の計は元日にあり、一日の計は朝にあり」と記してある。その後本文として—

1月1日　「元日　暁山の雪四方に収まり、旭光燦として輝き出でたり、大正十二年一月元旦の曙、噫!!　我等は洋々たる希望に満たされつつ目を覚した。朝学校に行くのであったが足いたく止むなく休んだ　書後になりてから年始状きた　…（中略）…此の帳を有効に運用し日に我が身を反正〔ママ〕して善良たる人とならんことを神につかひす〔ママ〕　以上」。

いかにも少年らしい美文調で、しかしたどたどしい文章の新年の決意である。そして翌二日—

買初め・宝船

1月2日「朝非常に寒し、年始状を書く。帝国青年きた。此の雑誌今度青年と解題(ママ)す。晝、長治君が同窓會の會費集めにきた　今日は何人も知る買始めなり　家では七円價買(ママ)した。賞品サイダー、石鹸二ケとす。晩宝船を敷いて寝に附く」。

当時の正月二日の風習として、農村部でも買初めが行われ、また宝船の絵を布団に敷いて寝たことが分かる。また、「帝国青年」という雑誌を購読していたようで、これは、買い初めでかなりの出費をしていることとともに、この頃の阿部家がかなり豊かな家であったことを示していよう。さらに三日の記事。

歌留多会

1月3日「朝―今日も相變(ママ)ず寒し起床八時…(中略)…晩鶴見の歌留多會に健二等と行った。今日は元始祭なり」。

歌留多会が、ここ農村でも正月行事になっていることがわかる。しかし、この鶴見とは、やがてその没落によって太一の家も巻き添えになって財産を失うことになる政治家の隣家であり、かなり上層の行事だったのだろうと思う。なお、元始祭とは、天皇の位の「元始」を寿ぐ宮中行事であるが、明治三（一八七〇）年に始まり、以後昭和二二（一九四七）年まで国の大祭とされ、休日であった。

湯を立てた

1月5日「今日は庭仕事で、天気は昨日よりははるかによい。直次郎またこない。天気がよいので家の前のにほ入れ…（中略）…午後よりは役場にて新年宴会に父祖入場す。晩は湯をたてたので與惣兵エ、いやね（?）の人たちたくさんきたので非常ににぎはしかった。…（以下略）…」。

正月五日頃から天気によって、ぼつぼつ仕事が始まっているようである。「庭仕事」の内容は書いてないので、具体的には分からないが、農家の作業場の土間での仕事である。藁仕事であろうか。直次郎とはどういう人か不明だが、この書き方からすると年雇ではなくとも、この家に働きにきている人であろうか。「にほ」（にお）とは刈りとった稲束を乾燥のために杭に掛け丸く積み上げたものである。その稲を家の作業場に取り入れる作業をしたということであろう。午後になると村役場で地域住民のおそらくは上層の人たちが集まって宴会をしたようである。

そして「晩」になると、豊かだった太治兵衛家では風呂をたて、そこに近所の人々がやってきて風呂に入れてもらったので、「非常に賑わしかった」というのである。この頃、風呂の設備はある程度以上の家でなければ備えていなかったし、しかも風呂の水は井戸から汲んだので大変に労力を要する仕事であった。だから、風呂にはまれにしか入ることができなかったので、太治兵衛家で風呂をたてたとなると、近所の人たちが集まったわけである。庄内各地の調査の際、地主に思い出話を聞くと、昔は小作に「風呂を呉れてやった」などという表現を聞いたものである。

学校始業

1月6日　「朝起きて見ると雪が少し降ってゐた。母校の生徒始業。…（中略）…二時頃庭仕事出来、再び稲こきをやる。□□(不明)直次郎まだこぬ。習字をやる。三時半頃なり。祖父の蚤取り。晩庭仕事よほどいつまでもか、って出かした」

太一はこの年満一五歳、ここで「母校」といっているのは、白山にあった大泉尋常小学校のことであろう。後輩達の通学風景を記しているのである。

1月7日　「今日は七日の餅なり。朝僕はそうめんにあづきの入れたのを食べる。…（中略）…それより学校の會に行く、十一時頃開會す。順序に進んで會員にての辯者は留治君の『新年を迎へて』といふ題であった。人数約八九十人。午後より竹谷一行（三日町）の狂言、末廣、千島、昆布賣の三つとす。四時散会。…（中略）…家にかへって見ると天野先生、斎藤正五郎君の年賀状…（中略）…S君の書面によると昨日即ち六日の日、學校に行ったといふことだ。實につまらない何となく心がぐちゃぐちゃしてしまった。今日鶏り卵を産む」。

「七日の餅」という行事があったのだろうか。「そうめんにあづきを入れたのをたべる」という風習は知らない。その後、学校で新年の「會」があったようで、生徒代表の話があったり、狂言の上演があったようである。友人S君の書面によると昨日も学校に行ったと書いてあり、太一も行くべきだったのを休んでしまったので「心がぐちゃぐちゃ」と表現したのであろうか。白山の小学校には、この頃高等科が置かれ尋常高等小学校となっていたようで、S君や太一が行っていたのは、この高等科だったのであろう。[1] なお、友人をS君とは、当時の子供としては珍しい呼び方だが、日記にはそう書いてある。

1月8日「朝六時半起床。学校に行かうか？否やめ様かの二党派に分かれて心がくちくち。思ひ切って家をいだす。雨がしとしと降って村が明けのもやにとざされていた。…（中略）…教室に入る　机をあけて見ると試験があった。その中に歴史を見るに十点と九点　通知書には八点とあった。この不公平なる振舞に興奮せざるを得なかった。この一日まるで不満でした。一等は吉住、飯鉢の二君僕は一点敗けた放課後先生に談判す。明日からは寒稽古。いろいろとそれについてのお話。学校の歸り果子を買ってゐた時吉住君がきたので非常に調子がわるかった。…（以下略）…」。

やはり一五歳の太一は高等小学校に通っていたのだろう。ところが六日に学校を休んでしまったので、心が落ち着かないまま学校に行ったら、机の中に試験の答案が入っていて、それで見ると通知表の採点が低かったのに不満で先生に抗議したというのである。友人二名が一番で自分は一点負けた。それが残念でその友人に出会うと「調子がわるかった」とは、太一は普段かなりいい成績の子だったのであろう。後に歌を詠むようになり、また、稲作の指針にするために昭和二八（一九五三）年から一日も欠かさずに気象観測を続けて、その記録を著書にまとめたほどの知的能力と粘り強い気質の持ち主であったが、その片鱗がすでに小学生の頃から発揮されていたのである。また、前述のように隣家の政治家鶴見孝太郎の伝記も出版しており、後に本書でもこの伝記を参考にすることになる。[3]

(1)「明治二五年白山林尋常小学校に高等科を置き、大泉尋常高等小学校と称し」た（『角川日本地名辞典6山形県』一九八一年、一五五ページ）。また、やや後になるが昭和八年二月付の『大泉村郷土調査』というガリ版刷りの文献には、昭和七年度「大泉村の教育の概況」として、「尋常科十一学級　四六八人　高等科二学級　七〇人」と記録されている（鶴岡市郷土資料館所蔵資料）。太一はこの七〇人ほどの「高等科」の内の一人だった訳である。

(2)阿部太一『稲作豊凶の予知はできないか――55か年間の気象観測の記録』農業荘内社、一九七七年。

(3)阿部太一編著『鶴見孝太郎小傳』鶴見孝太郎「孫の会」、一九七九年。

「年取り」の祝い

2月2日　「朝また拂曉ならざるにさきだちトロトロと熾え上がる爐をかこんで年とりをする。かゆも一段にうまかった。後今日の祝いなのでいろいろと片つけた。…（中略）…安吉、馬町に祝の餅を以て（ママ）いった。今日は、彌生、省次、美代恵、安吉と僕の祝なので人が大く（ママ）来た。そして賑はしかった。…（以下略）…」。

二月二日に「年取り」をしているが、大正一二年はこの日が節分、三日が立春だったのであろうか。それはともかく、ここで名が挙げられている「彌生、省次、美代恵、安吉と僕」のうち、先の田崎宣義の論文に太一の兄弟として名前が挙がっているのは、「彌生」と「安吉」であり、他の「省次、美代恵」との関係は分からない。阿部太治兵家の「大家族」に含まれている子供だろうか。それと、この頃の記事として気になるのは、もう一点―

鶴見の保証人

2月12日 「家にかへってきたとき、矢馳の菊江ガガがまだいてあった。その話に、家で鶴見の保証人になって、十二月十七日頃したじりがきた(?)そうだ。その金額二萬円」。

これはおそらく、隣家の借金の保証人になったことで多額の負債を負うことになる事件のことであろう。まだ少年であった太一の日記には、この件はまだまったく登場しないが、近在の村つまり部落の「矢馳」に住む人の話でちらと耳に入ったのである。「矢馳」は、藩政村であるが、明治町村制下では白山林と同じ大泉村に属していた。矢馳の名はこの他にも日記にしばしば登場するから、おそらくは交流の多い近親者が住んでいたのであろう。「したじりがきた」とは意味が分からないが、「尻がまわってきた」というようなことであろうか。しかしこの件はまだしばらくは日記に現れず、むしろ学校の記事が頻出する。例えば—。

卒業証書授与式

3月22日 「……今日は春期皇霊祭なので朝誰も餅を返へす人がないので私がやった。その後五郎治がきてついてくれたのでやめた。餅も間もなくつけたのでサッサとたべ学校へと急いだ。おくれはしまいかと思ひながらやっと間にあった。間もなく初(ママ)まる卒業授与(加賀山)修業授与(工藤勇作)優良授与(五郎正)その後郡役所の人が壇上になって郡賞を下さった。…(以下略)…」。

ここで「餅を返す」といわれているのは、杵で搗く人の相方として、搗いている餅の上下をひっくり返す仕事である。また、「春季皇霊祭」といわれているのは春のお彼岸の日であり、もともと天皇家の祖先の霊を祀る宮中行事であるが、かつては国民の祭日とされていた。

農作業

こうして太一は無事高等小学校を卒業することになった。その後は、家の農作業が待っている。

3月26日「支度をして外へ出た。株切をとぐ。キラキラと朝日に反映しる。……今日は新助田の株切をした二枚。終へたら晝になったので家にかへる。…（中略）…午後はたじまと三人昼前のところに行った。そして馬を出した。歩ぬので當惑した。で私が引く。ピシリと鞭の音、馬は驚いて、一歩々々とふみだす。足の力なさ体よりは玉なす汗で毛がずれ模様になってゐた。私はかはいそうでならなかった。後肥を運んで散らばした。日が暮れんとしたので家路をたどった…」。

午前は田圃二枚の株切りをし、午後は、馬を出して、太一が口取をしたが、馬が動かないので「当惑した」。太一が「口取り」をして引っぱり、一緒に田にでたものが「ぴしり」と鞭を当てたら「馬はおどろいて、一歩一歩と」踏み出したというのである。ここでいわれている「たじま」とは、説明がないのでどういう人か分からないが、若勢か、あるいはその他の雇い人であろうか。いずれにしても、太一はまだ馬の扱いになれていない情景であろう。その後おそらくは馬で堆肥を運んで田圃に散布して、この日の作業は終わったようである

馬耕して見たがだめ

3月28日「朝起きるとすぐ顔を洗ひ外へ出新土蔵にいって種籾を車につけ堰につけに行く。賢治がきて手伝った。朝飯をたべ土屋に行く。離れた二枚をサッサとやって別の所へきた。そしてたがく手に豆が出き又肩が落ちる様だった。煙草のとき馬耕して見たがだめだった」。

この日は、種籾を堰に運んで水に漬ける浸種の仕事をやったようである。「車」とは、どういう車だろうか。これがそれほど重労働だったとは思えないが、「たがく手に豆が出き」とは、東北の人でないと分かりにくいかもしれな

いが、簡単にいえば持つ手にまめができたという意味である。高等小学校を卒業したばかりでの農作業はやはりきつかったのであろう。「煙草」つまり農作業の中休みの時に「馬耕」をやってみたがうまく行かなかった、という記事が目を引く。馬耕はかなり高度の技術を要する作業で、村ごとに馬耕競犂会がおこなわれるなど、若者が腕を競い合う技術であった。

父から田の境を聞く・くろ切り

3月29日「朝起きると馬の物をきる。朝の飯をたべる。…七十刈に四人行く…そして僕は父から田の境などを聞いた。十一枚出かす。午後は上田もとに行った。…西の空がくもった。雨が降ってくる、いやな日だ。三枚を出かして、家へ帰へる。股弓（股引カ）を干す…」。

3月30日「今日も相変わらず雨だった。朝飯をたべて出た。今日は休みだ（な）ようなものだが、父と私と二人で高畑にくろ切に行く。そして晝までにでかした。午後はたか内と大山刈に行った…（以下略）…」。

家の農作業に取り組む太一の姿が描かれている。「七十刈」とか「上田もと」とかは、田の名前であろう。「父から田の境等を聞いた」とは、駆け出しの少年が父から家の田について学んでいる姿である。田地は固有の地名で呼ばれ、それぞれに個性があった。その田ごとの特性を父から学んで農作業の心得とするのも農民としての第一歩だったのである。翌日も、父と二人で「高畑」や「たか内」、「大山刈」に「くろ切り」に行っている。この「くろ切り」とは、一年間踏み固められて平に幅広くなった畔の両端を切り落として高く盛り上げ、本来の形に作り直す作業である。

ゴム鉄砲で雀獲り

4月14日「朝は馬・牛の下肥を出した。…（中略）…辰五郎とゴム鉄砲をこしらへる。うってみると一つだまなので一つもあたらない。ただ、追ふばかりだった。…（後略）…」。

4月15日「…（前略）…再び田に行く。そのへんに雀がたくさんいたのでゴム鉄砲を以（ママ）て一発散すとバツーといふ音がした。その一匹は逃げようともしない。よくよく見るとそのかたわらに白い腹を向けてたほれてゐる雀がいた。ちかまえようとしたらコロコロところびやがてパーと飛びゐって了まった」。

下肥（しもごえ）とはいう迄もなく糞尿である。辰五郎とは、他の記事から見ると若勢つまり年雇である。又になっている木の枝にゴム管を縛りつけたゴム鉄砲で雀を狙う遊びは、著者も含めて子供たちがよくやる遊びだった。しかし太一だけでなく。なかなか当たらない。

4月16日「今朝は先ず起きると梨の木をこぎこれを東の畑の元木のあったところに植えた。午前中は民治のわきの苗代に下肥をかつぐ。肩がいたくて仕様なかった。…（中略）…私はあらゆるものに對する心熱の炎が燃えてゐますた（ママ）。今私は彼女の美しき瞳、バラの如き頬に見とれてゐます。自分の心の奥にはもゆるが如き初恋をあぢはいました。そして、彼女はニッコリと笑む様に見えました。それは、自分の心柄かもしれない。…」。

「なしの木をこぐ」とは、定植するために梨の苗を根のついたまま引き抜いた、ということだろう。農作業の忙しい毎日に、このように「初恋を味わったり」もしている。時に太一は一五歳、高等小学校を終えたばかりの少年だった。

馬耕競犂会

4月17日「…（前略）…今日は一斑（ママ）（班カ）法事であるから人がたくさんきた。給二（ママ）などをやる。その後もらった物を帳面に付ける。午後はやはりきうじをした。後、馬耕きょ（ママ）う理（ママ）會に行ってみる。いなく春駒が勇み立って一心におこしてゐた…」。

4月19日「五時半起床。雨は未だ晴れず馬の物を切る。…（中略）…今日村の若い衆が休みを願った所がかなったので一日休みだ（馬の肥をもだす）。で、藤沢の山に鉄砲を以て木の曲がったのを直すに行く…」。

4月26日「…馬耕を少しやってみる。この所できたのでしんぼう田に行く。肥をつらかし（ちらかし、後の用語でいえば堆肥散布のことだろう）、後カンゾウの後の田一枚株切して上がった。その時馬飲（馬喰カ？）が（善五郎）大きい馬をつれてきた。又菊五郎から馬をかりて耕す。…（中略）…晩は『ダビテと子たち』に読みふける」。

この頃、馬耕に関する記事が頻出する。最大の関心事だったのであろう。自分でやってみる他、おそらくは村の青年達によって行われていた馬耕競犂会を見に行ったりしている。「春駒が勇み立って一心におこしていた」などという表現は、いかにも太一らしい。なかで四月一九日の記事で興味深いのは、「若い衆が休みを願った」のが叶って休みになったということである。この若い衆とは、若勢たちであろう。年間の農休みは、村の申し合わせであらかじめ決まっていたはずだが、時にこのように「若勢会」の申し出などによって、臨時の休みが与えられることがあったのである。ともあれこのようにして少年太一はしだいに農作業に、とくに馬になれて行く。そして、二六日には「馬耕を少しやってみ」たら「この所できた」ので、「菊五郎から馬を借りて耕す」などして次第に習熟を深めて行くのである。他面「ダビデと子たち」を読み耽る少年でもあった。

夜学

4月28日「…（前略）…家にかへって見ると六時四十五分でさっそく湯に入り餅を二ツ三ツ呑み込んで学校に走る。未だだれもきてゐなかった。やがてはじまる。一校時農業、土壌のできた由来だった。二校時国語、鎌倉一見の記のところ、吉住君がよんだ。学校にくるとき農校生の清吉君がやあ君？久し振りだったなあ」なんてなれなれしく肩に手をかけた。私はあはい羞恥を感じた…」。

5月5日「…（前略）…夜学に行く。一校時算術二校時特別として農業。苗代の管理、田村先生。又今日校長のかはり伊藤先生がでた…」。


太一は高等小学校卒業後、家で働きながら、夜学に通っていたようである。農校生に肩を叩かれて「あはい羞恥を感じた」という記事などは、農学校に行けなかった太一の微妙な心理を表してしているように思う。大分後になるが――

10月27日「…農業…その後は国語だ。黙想記終わった。我等は理想、信念に生きて行かなくてはならぬ。我の中学校に入ることの出来なかったのも、神が我が力をためしたのかも知らん。大いに自重しよう」。


との記事もある。太一の家はこの頃まだかなり豊かな自作農だったはずである。なぜ農学校に行けなかったのかはとくに理由は記されていないので分からない。雑誌を購読したりしているかれの勉強ぶりからしても、受験すれば入れたことはおそらく間違いないだろう。しかし、家で許されなかったのだろうと思う。この点、後に太一の阿部太治兵衛家の中における家族内地位を見る中で、推測することにしたい。

田打

5月11日「朝、馬の物を切る。それから後、飯をたべた。午前中は上のやちの田打。…」。

5月12日「朝はやはり雨だった。午前中は上田に行って田打。上がりになって。帰ると父からひどく悪く言われた。午後は休み。鶴岡で政談演説會に父と辰五郎とが行く。…（中略）…夜学のかへりは十時、それより少し勉強する」。

5月13日「朝馬の物を切る。午前中は上田元にいって田打ここ三枚にてあと田打は皆できる。午後は中道に田こなしこの時も父から叱られる。私は田の中でないた。そして百姓をやめて〇〇〇をやらうかと思ったそれは私の空想だった。祖母に口をかへして大立腹だった。今日は百おもしろくなく活（ママ）して了った。そして飯食ふとすぐねて了った」。

この頃、五月上旬、連日「田打」が続いている。先に見た太一の回顧で語られていた、六町五反の「二分の一」の「湿田」の耕起だったのであろう。先に乾田部分の馬耕を終えて、その後湿田の田打を行っているようである。いくら湿田でも、備中鍬を揮っての人力による「田打」は、きわめて過酷な労働で、ある故老の回顧にも、「『ナカセ風』の為に飛ぶ泥は體に遠慮なくかゝって泥まみれとなり夕方になると大概の人は目ばかり光って丁度泥人形の様」と語られているが、(1)その労働を、おそらくは父や若勢と一緒に高等小学校を出たばかりの、一五歳の少年が行っているのである。あるいは手伝いだったかもしれないが、ともあれこのようにして稲作を覚え。やがて逞しい稲作農民になって行く。しかし当面はまだ少年である。父に叱られて泣いて、百姓を止めることを考えたりもする。しかし何になりたかったのだろうか。ここの◯◯◯◯は、具体的に書いてないので何をやりたかったのか分からない。なお、「馬の物を切る」とは、藁などの馬の餌を切るという意味である。

(1) 佐藤金蔵編述『私の田圃日記』一九二八年、正法農業座談会、八六～八七ページ。

田植

5月30日　「今日あたりは大抵田植が初（ママ）まった。我家ばかりは不始末なので、きまりわるかった。しかし市左衛門、久左エ門、伊エ門などもあった。…（以下略）…」。

5月31日　「…（前略）…今日から田植だ。午前中は高目に田植をやる。竹恵美代恵もきた。…午後はやはりその□□（不明）上の谷地七枚でかした…」。

他の家より遅れたので気後れしていたが、五月三一日から太一の家も田植を始めたようである。「市左衛門、久左エ門、伊エ門」とは屋号であろう。田植が遅れている家は他にもあったのである。田植は早乙女として女性の出番であり、人手が要るので家族と使用人だけでなく、竹恵など近親者も集まったのだろう。「美代恵」という人の名前は以前にも出ていたがよく分からない。

6月1日「六月だ、六月だ、夕べは雨の音がガウガウと鳴ってゐた。五時起床朝飯をたべ、すぐ上の谷地に田植に行く。雨はやはり降る。そして風はつめたい。小書を葉陰にて火を焚いてたべた。あゝ、この暖をとった気持ちよさ。大きい握り飯に大口あいてかぶりついたこの美味さ?このところ七枚でかす。いそいそとして家にかへった…」。

6月8日「朝は五時起きる。今日は大山刈を出かし後西京田にうつった。…この所出かしたら晝は遅くなった。午後は土屋（二百刈）及び嘉三の後をして民治の脇にうつるつもりだったがこの所ばかりして晩飯をたべる。飯でない餅だ。私はねむいので湯にも入らずねて了った。今日来た人は春恵直江と大淀川の雇人二人及賢治と午後から来記もきた…」。

右の田植の記事で「午後は土屋（二百刈）…」といわれていることに注意されたい。かつて庄内地方では、農民が田の大きさを表現するのに面積ではなく、その田地での刈束数によっていたのである。大正一一年刊とされる『飽海郡史』には、「数百年来襲用シ、今尚之を存セリ」という慣行として、「一段三百坪、之ヲ百苅ト云」とされている。[1]しかし著者が、西田川郡平京田（現鶴岡市）のある故老から聴取したところでは「一〇〇刈一反二畝から七畝位」とのことであった。つまり百刈を面積表示にすると、百刈一反歩はよほど取れる田地のことであって、一般には一反五畝ほどもあったということである。[2]ここで「土屋」といわれている田地は、何枚あったのか分からないが、「二百刈」だから、おそらく三反歩ほどもあったということであろうか。「小昼（こびる）」とは、朝、昼、晩の食事の間の軽食である。なお、「春恵、直江」という女性二人と「賢治」は、田植に手伝いに来るのだから、いずれにせよ近在の家だろうが、具体的なことは分からない。「来記」とは、鶴見孝太郎の本家のようだが、この頃太治兵衛家の「地続き」の家に住んでいたようである。[3]

6月10日「…（前略）…午前は苗代の苗をとる。痛ましい感じがした。そして健二安吉の二人もでる。雨は晴れた。午後はやはり苗代に行く。民治の脇のを出かした。日ははや没した。やっとこれで田植はすんだと思ふと重荷をおろした様な気がした。…」。

五月三一日から一一日間かかって、田植は終わったようである。少年ながら「重荷をおろした様な気」になっている。

(1) 山形県飽海郡役所『飽海郡史』巻之一、大正一二年（復刻本『飽海郡史』上、名著出版、一九七三年）、一八〇ページ。
(2) 一九七一年八月時点の著者の調査ノートによる。
(3) 前掲『鶴見孝太郎小傳』一二七、一四四ページ。

草取

6月15日「午前中中道にて草取。父と二人で精々四枚しか出来なかった。そして初めなので涙の出るほどしかられる。午後はやはりそのところ四枚こしがいたいので大なんぎ?晩はあまりねむいので日記をつけない。今日も辰五郎こない。一たいどうしたのであろう。…（後略）…」。

田植が終わると、早速草取りである。一日も油断できない。それなのに、若勢の辰五郎が来ない。「どうしたのだろうか」。仕方なしに父と二人で、午前中かかってようやく四枚。この四枚とは、耕地整理前の一畝歩ほどの四枚だろう。[1] 午後も四枚。「初めて」の太一は午後になると腰が痛くて「大なんぎ」である。そうしているうちに「辰五郎来た」。やれやれ、といいたい所であろう。庄内の年雇には通いと住み込みとがあったが、どうやら辰五郎は通いだったようである。

(1)往年の農林省農業総合研究所の研究者達による川北飽海郡本楯村大字豊原（現酒田市）における研究によると、その田地の形状は、所有の単位としては一筆の面積はかなり大きいが、作業単位としてはそれを「中畔」で区切って、「利用単位」としては一畝歩程度にして耕作されていたという。研究者たちはこれを「畝歩農法」と名付けているが、地域的にかなり隔たっているとはいえ、西田川郡大字白山林においても、これに近い田地の状況にあったのではないだろうか（豊原研究会『豊原村』東京大学出版会、一九七八年、一〇八～一一四ページ）。

蚕に手伝い

６月17日「朝東の畑の茄子に水をかけた。新しくかった畑にうえた田まな（ママ）（玉菜つまり甘藍か？）に水をかける。今日桑子を見るに非常にうまそうになったので大口大服うまいうまい？」。

６月21日「ガバと床をおきるとすぐ蚕に手傳ひをした。今年はワク付六枚半だそうだ。桑をあたえたり下をかへたりした。午前は東の畑にて桑とり。空が曇ってつむったいのであった。午後は雁爪打にゆく（大山刈）私は初めてなのであるがやうやくして打つことが出来た」。

この時期、「蚕に手伝い」の記事が続く。重要なのは、阿部太治兵衛家で養蚕をやっていたということである。ただし、白山におけるその導入、盛衰の経過について、また、阿部家で「今年はワク付六枚半」とあるが、それがこの地域でどれほどの位置にあるのか、著者には分からない。著者の庄内農村調査は稲作の村に集中したため、養蚕については取り上げたことがないので、これらの点について論評することはできないのである。しかし庄内でも、旧藩士団による松ヶ岡開墾地における蚕糸業(1)は別格としても、とくに川南の一部の村において養蚕が営まれていたことは確かである。参考までに、白山よりやや北、やはり西田川郡に属する西郷村（明治行政村）の昭和六（一九三一）年の村史に掲げられた養蚕の概況を見ておくと、昭和五年の村の総戸数五七三に対して、養蠶を営む戸数は二五七、春蠶の戸数二〇、枚数六五〇、夏秋蠶は戸数二五〇、枚数九一六とある。[(2)]

先に田崎宣義の研究によって、「太一家は阿部太治兵衛家の大家族制のなかに含みこまれていた」と知ったが、しかし水稲単作の庄内の村ではほとんどの家が直系家族なのに、阿部家はなぜ「大家族制」なのか、また田崎の研究はこの「大家族制」という規定についてそれ以上の説明を与えていないので、その意味が分からなかった。しかし、ここでそのことの理由が理解できた。つまり、水稲作以外に養蚕を営んでおり、それに対応する家の構成だったのである。日記にあるように、「桑をあたえたり、下をかへたり」の他、「畑にて桑取り」も必要で、かなり人手を要したはずである。そのための労働力の必要からする「大家族制」だったのであろう。「大家族制」といえば、岐阜県白川村のそれが有名で、かつては「古代社会の遺制」などといわれたが、しかし柿崎京一の研究によって、それが大規模に展開するのは「明治期以降」であり、その基盤は養蚕にあることが明らかにされている。つまり、「大家族制」などといわれた規模の大きい家族は、家業として養蚕を営む家の、それに必要な労働力を抱え込んだ経営組織だったのである。[(3)]この養蚕の副産物であろうが、日記には桑子（くわご）を食べて「うまいうまい」とある。これは著者にも経験があり、近所の道ばたの桑畑の桑子を盗み取りして食べると、口の中が真紫になるのでばれて、帰ってから叱られたものである。

(1)武山省三編著『松ヶ岡開墾史』松ヶ岡開墾場、一九九一年、を参照。
(2)山形県西田川郡西郷村『西郷姿観』昭和六（一九三一）年（再販『西郷姿観』、二〇〇〇年、西郷自治会）。
(3)柿崎京一「『大家族』（家）制」、白川村史編さん委員会編『白川村史』下巻、白川村、一九九八年、三ページ以下。

歌の投稿

7月28日「今朝は麻(アヰ)に小便をかけた。…（中略）…晩は夜学、修身、法律、及び権利義務をきく。これを私が讀まされた。カラカラと讀むことを得ず。次時は算術、わからぬところあったので金内先生からきいた…」。

7月29日「今朝はあひに小便をかけに行ったが地蔵たゝきに降られた。…（中略）…午後は休みだ。青年雑誌がきた。戦く手を静めて一枚々々ひらきて見る。ない。没書かなと思って歌坦(ママ)を見たら秀逸の末席にあった…」。

麻の字に「アヰ」とかなが振ってあり、また「あひ」とも書いてあるが、これは何だろうか。藍染めの藍か、それとも衣類にする麻か。「小便をかける」とは、いうまでもなく肥料のためである。

しかしこの日の記事で注目したいのは、青年雑誌に投稿して「秀逸の末席」に採用されていることである。この青年雑誌とは、どのような雑誌か著者には詳らかでないが、ともあれ、後に歌誌「えにしだ」の同人になって多くの作品を発表するようになる才能の片鱗を、大正一二年一五歳の時にすでに示しているのである。

関東大震災

9月1日「…今日の昼ころ地震なった。大分つよかった。…」

9月2日「朝雨がドンドン降っていた。先ず畑に行って豆をこいでくる。…午後は健二等と川に鰍をつりに行ったら一匹しかとらなかった。十蔵君といろ〳〵お話してその語には東京大地震のため大火でまだ燃えてゐるそうだ。横浜邊は大つなみで全滅で又その後の話には摂政の宮が自動車で外出したが行方不明で又一日の日総理大臣になった山本権兵衛が暗殺されたとの風説それこそもう大混乱…」。

関東大震災の記事である。庄内でも揺れを感じたようである。翌日友人の十蔵君の話でその惨状を知る。むろんテレビなどない当時だが、「十蔵君」とは隣家の代議士鶴見家の四男であり[1]、何か特別な情報源があったのであろう。

欄外に大字で「関東大震災」と記してあり、印象の大きな出来事であったことが分かる。

(1)前掲『鶴見孝太郎小傳』、一五一ページ。

稲刈

9月11日「午前はたじまと春恵と政公と五人で高前の稲刈だ。ザクザクと気持ちよく切れる。あつくて仕様なかった。晩留治君に行く。そして彼から中学講義録（十二号ヨリ二十号迄）譲ってもらふことにした。農村文化と云ふ雑誌の記事中の『教へ子』は面白かった」。

9月12日「朝五時半起床。今日母校で大運動會だそうだ。それで朝仕事、昨日のところを刈るが、雨が余（ママ）シャなく降る。雨具は以て（ママ）こないので春恵にもってこらせた。今日は運動會はお流れだ。で一日働く。父も出る。晩になってから天気よかった。…（以下略）…」。

9月13日「朝飯をたべるとすぐ高前にて稲刈だ。今日は大運動會がある。十時頃迄やる。晝迄運動會を見る。戀人の○○○も美しい姿をしていた。私の心は意様（ママ）にとゞろいた。…（以下略）…」。

九月一一日から稲刈が始まる。そういう中でも「中学講義録」を譲ってもらったり、「農村文化」なる雑誌を読んでその記事に感心したり、少年太一はなかなかの勉強家である。出身小学校の運動會を見に行って、心を寄せている人の「美しい姿」に胸をときめかせているのも、少年らしい心理である。

9月24日「ヒュウヒュウと風は非常に強く吹いていた。ワナワナと寒さにふるえる。今日は秋季皇霊祭であるが働く。高畑にて。大淀川から雇人が一人きた。午後は荒田に行く。刈り悪るかった。三時頃より雨が非常に強く降る。それに寒い。家にかへる。そしてぽだん（ママ）餅を食べた。そのうまさ…」。

まだまだ稲刈は続く。大淀川とは近在の村だが、そこからも稲刈の人手を雇っている。ここで秋季皇霊祭とは秋のお彼岸の日、春と同様、天皇家の先祖の霊を慰める宮中行事だったのを、国民の祭日とされていた。

9月27日「起きて見たら頭がフラフラして痛んだ。飯をたべたが、気の毒だったけれども休んだ。いそがしい時だが。しかし今日の政公は働いた。ねる。晝迄。午後もたゞころころして了ふ。竹恵等が上の谷地に穂拾ひに行った…」。

10月2日「…（前略）…外の家で大抵稲刈は出来た。残るものはたゞ我ばかりなりけるだ」。

九月末に、疲れがたまったのか、太一は身体の不調で休んだようである。しかしその時頑張ってくれた政公とは、若勢だろうか。先に紹介した太一の回顧談では若勢（男の年雇）二人とされていたが、辰五郎とこの「政公」がその二人だろうか。稲刈も終わり近く、竹恵など女の子もこぼれた稲穂拾いなどをしている。そして一〇月にもなると、「他の家」では「大抵稲刈は出来」る。しかし大規模経営の太治兵衛の家では未だ残っていたようである。

稲負い

10月14日「今日やっとのことで天気になった。先づ父と政公と私の三人で堆肥返をやった。晝迄に出かした。午後は大山刈にて、稲負ひ三百ほどせ負った。今日は鶴岡中学校の大運動會だ。私は午後見に行かうと思ったが、稲負ひするので止めて了った。…（以下略）…」。

10月18日「日本晴れだ、日本晴れだ。今朝は非常に冷めたく且露にぬれてだめだ。ので、母と穂拾ひをやる。今日で皆できた。後、東の畑の菜に小便をかけた。…（中略）…午後は稲負ひを大山刈にてやる。…このところ晩迄にできた…」。

10月22日「…今日は朝から稲負ひだ。よく乾燥したから。途中、雨は少し降ったが、今日は大分はかどった。

先ず西の中田、一本杉と、午後は一同高畑に行ってこのところも出かした。家内一同でた。小さき小供も―爺さんも！美代恵が、もこのところでかして後、新助田に行った…」。

稲刈りが終わると、田圃の畔の杭にかけて干してあった稲を背負って運ぶ「稲負い」である。他方、落ちている「穂拾い」も。こうして「家内一同」の秋の田圃仕事になる。そして運んだ稲を「にほ」に積む。

10月26日「…八郎右エ門に手傳ひに行く。稲背負ひに。…（中略）…中道とか云ふところより一回背負ってくる。さあ大變雨が降ってきた。だ目だ。ので、家にかへって父と母と私の三人で種（福社主（ママ）―福坊主カ）と（鶴の餅）一俵とをとった。政公が徳右エ門に午後は杭集めに行った。…今晩は夜学だ…」。

自分の家の稲負いが終わるとほっとして、遅れている他所の家に手伝いに行ったりもする。また、稲を干した杭集めも事後の仕事の一つである。太一の家では、父、母と一緒に稲の種取りをしている。「福社主」とあるのは「福坊主」の書き間違いだろう。西田川郡京田村の工藤吉郎兵衛作出の品種である。「鶴ノ糯」も、同じ工藤吉郎兵衛作出の糯米の品種である。[1]

(1)菅洋『稲を創った人びと』東北出版企画、一九八三年、による。

土洗い

11月8日「今日は我等農民一年の楽しみとしてまってゐた土洗ひは、先づ何んとなくそはそはする気持ちで……宿は長五郎だ。森屋君も入った。朝は餅、晝はさっと…晩は本式だ。くるふ…歌ふ…笑ふ…おどる、それこそもう本気な者だった。私も初めは何だか變な気（馬鹿昇（ママ）い）がしたが、遂ひ（ママ）釣込まれてやっきになってさわぐ…その後は嵐の止みし時の様な静寂に帰へって時計の十一時を報ずるころは、隅に高きいびきの声もきこえてゐた」。

「土洗い」の話は、庄内のあちこちの村つまり部落で聞いた。一年の労苦が終わった後の、青年たちの慰労会で、費用は「親方」つまりそれぞれの戸主が出したもののようである。「宿」つまり会場は、「長五郎」という屋号の農家である。部落によって少しづつ違っているが、「どんちゃん騒ぎで三日も続けた」とか、「芸者を呼んできて明け方まで飲むこともあった」とかいわれている。(1) メンバーは農業を担当している跡継ぎ息子と、若勢たちだったようである。ただし、著者の聴取した範囲では女性は参加していない。

(1)細谷昂『家と村の社会学―東北水稲作地方の事例研究―』御茶の水書房、二〇一二年、一三四ページ。

堰堀、稲こき

11月12日「今朝も又ぐっすり寝ちまった。起きると、お製度(ママ)の堰堀に行く。出た人は十五、六名だった。…昼までに出きた。…(中略)…午後は我一人で高畑に行って堰を掘った。父祖もきた…」。

11月13日「私は先づ午前は高内にて排水堀をやった。それこそ雨風でひどかった…」。

11月14日「今朝は雨降りだ、外の仕事は先づ零で母と二人で昼まで稲こきだ。六十五をこいた。…(後略)…」。

12月17日「今日も庭仕事だ。二百三束の稲だ。大分遅くなったが、皆仕事として稲三十束をこいた。政公は皆できてから少し…」。

12月19日「今日もうすら寒い日だ。毎日平凡な生活なのでもうあきあきした。百五十の稲だ。余程早く出来た。後は稲をこく。五十束を…」。

稲刈りが終わると、堰堀が重要な仕事になる。一二日の仕事は、「十五、六名」とあるから村仕事つまり部落の共同の仕事の堰堀であろうか。「お製度」とあるのは、「お背戸」つまり家の裏手の意味ではないか。一人でやっている「堰堀」や「排水堀」は、自分の田の用水路や排水路の整備・掃除だろう。

それぞれの家では、稲扱きつまり脱穀作業が始まる。戦後のように「早場米奨励金」などはないから、始まりはゆったりしたものである。しかし一二月に入る頃から「庭仕事」、「稲こき」が連日になる。「もうあきあきした」である。

近隣の助け合い

11月26日　「…（前略）…又今日も徳右エ門できてくれときたので父行く。彼の家は気の毒なものだ。昨夕皆そこらに運んだそうな。父の今日行ったのは太郎左エ門で稲をこくのだ…」。

11月27日　「今日は上天気だ。カラリと晴れた天気は気持よかった。今日の私の務は、徳右エ門□□（不明）手傳ひに行った。場所は太郎左右（ママ）門で一生懸命稲こきをやった。来た人は九人ほどだった終日の仕事だ。藤太郎君が器械で手を少しいためた。五時頃藁にほを積んだ…」。

徳右衛門の家から「きてくれ」というので、太一の父や太一、またその他の家から助けに行っている。「皆そこらに運んだ」とあるから、稲負いの仕事からであろうか。それから、太一たちは稲扱きを手伝っている。これは、村仕事としての共同ではなさそうである。徳右衛門の家で病人でも出たのであろうか。「気の毒」なので近隣が助けたのである。このような有志の助け合いも日本の村の機能である。実は、後に昭和四年、太一の家が隣家の債務保証で破産して土地とともに家屋敷をも失った時に移り住んだのが、「廃家」であった「徳右衛門の家」なのである。この一家は、それに先立ちこの年にすでに「気の毒」な状態になっていて、やがて家を離れることになったのであろうか。理由は分からない。なぜ「場所は太郎左衛門」なのかも分からない。

年の暮れ

12月31日「悼ましき年よ・・・一九二三年。この年は余りに残酷な呪はれた年であった。今この年もまさに暮れなんととする。あ、感慨無量・・・今朝早く起きてうしを引く。辰公等今日家にかへった。…（中略）…この年ももう一時間位でくれるのは、刻々に進み行くタイムの流。・・・」。

大晦日、「一九二三年」という西暦で日記を書いているのは、当時の農村青年としては珍しいのではないか。「悼ましき年」とか「呪われた年」とかいう意味もよく分からないが、関東大震災の年なので、その印象が心に深く残ったのかもしれない。若勢の「辰公」も自分の家に帰った。

2 文学への関心

以上、太一の日記の第一年目を農作業への取り組みを中心に見てきた。高等小学校を終わって一年目、父と一緒に田圃に出るようになった太一の日記は、当然ながら農作業についての記事が多いが、そのなかに七月二九日の、青年雑誌に歌を投稿して「秀逸の末席」に採用されるなど、太一の文学への関心と才能を伺わせる記述もあった。

とくに年末近くなると、以下に見るように、太一の文芸への関心を伺わせる記事が連続する。一年間の日記の記述が、太一に「文」への目覚めを促したのかもしれない。しかし、独力によってではなかった。この年一〇月二七日の日記に「我の中等學校に入ることの出来なかったのも神が我が力をためすものかも知らん。大いに自重しよう」と書いているが、そのような切瑳琢磨の場は、夜学にもあったようである。

【大正一二（一九二三）年】

「野の人」刊行の試み

12月1日　「今晩は夜学だ。銀葉君やかくせい君と『野の人』を発行することにいろいろ相談した。…（中略）…伊藤先生が私に『日本文学年表』を借して下さった。かく声君に投稿（用紙カ）をやる」。

12月3日　「…（前略）…かく声からきた書面（野の人誌のこと）に返事を書いた。ねたのは十時半頃だった」。

12月4日　「…（前略）…晩は青年雑誌などから、人名、住所を記サイした。それは、〝野の人〟発行のためだ」。

夜学の友人たちと、自分たちの同人誌「野の人」を出そうと話し合うようになったようである。かくせい君とか銀葉君等の名前はいささか奇妙だが。あるいはペンネームだったのであろうか。青年雑誌などのおそらくは投稿欄から、氏名、住所などを書き写している。夜学の仲間たちだけでなく。全国に呼びかけようとしているのである。

謄写版印刷の苦心

12月6日「…（前略）…晩学校に行く。…（中略）…謄写版を借してくれと云ってさっき書いた原紙を見せたらこれは『ヤシリ（鑢カ）』の上でかかぬのだから駄目だといはれた。こまってゐたら先生が書いてくださった。銀葉くんもきたので一所にすった。（三十三枚）。そして家にかへったのは十二時近かった」。

12月7日「…（前略）…晩は鶴見の十蔵に行って謄写版の鉄板を借りてくる。…（中略）…私はこの前すった葉書に住所氏名を書いた。もうさっさと、變な字で」。

12月9日「…（前略）…昼前区長に行って稲刈りの手間を聞いて見たら、女十日半俵、男九日半俵だそうだ。午後は謄写版の鉄板（学校から借りて来たのを）にふちをつけたら立派になった。私は非常によろこんだ、そして鶴見に鉄板をかへした」。

12月23日「…（前略）…午後久米太君と一緒に学校に行く。彼は日記帳とかするとのことだった。先ず原紙（学校ので）に書いてすったが破れて了った。後もう一度書いたがやっぱりだめ。又ローラをあぶったと云ふのでやくたたなくなった。で私は〝野の人〟のこと原稿送ってくれとのことをすった。それは成功だ。三十人前を…。今日伊藤先生宿り。興一郎君も日向に投稿するとか云ふ文をなほしてもらふにきたそうだ」。

12月26日「私が母に何んかのことで百姓をやめると云ったのでひどく気にかかったらしい。後でそんなこと言はなければよかった。池田先生が私に問ってきた。それは〝野の人〟のことだった。先生も賛成で又何かだしてくれるとのことだった」。

「鉄板」といっているのは、原紙に鉄筆で字を書く際に使う鑢版のことである。それを借りてきた「鶴見の十蔵」とは、前に紹介したように隣家の代議士の家の四男であり、謄写版の道具を個人で揃えていたのであろう。著者も謄写版印刷で「雑誌」を作ったことがあるので、なかなかうまく行かないことは経験している。ただし著者の経験は新制中学の生徒の時、ほぼ太一と同年令の頃に、クラスの中で有志で取り組んだだけであったが、太一たちは全国に乗り出そうとするのだから、ずっと大きな夢であった。その子供達に、夜学の先生も「賛成」して、謄写版印刷の道具を貸したり、コツを教えたりしているようである。そのような雰囲気の中で、母に「百姓をやめる」と口を滑らせて心配させ、「そんなこと言わなければよかった」と反省している。確かに太一は、「百姓仕事」をおろそかにしているのでないことは、日記の記事にも示されている。なお「日向」とは、後の記事によると、日向書店という書店の名前のようである。また「区長」と書いていることにも、関心を引かれる。これはむろん部落を統括する責任者のことであろうが、大正末期に庄内では藩政村の範囲を「区」と呼んでいたのである。そこに出向いて稲刈りの手間賃を聞いているのは、同人誌「野の人」の費用に充てようというのだろうか。

安全器のヒューズ

12月26日「…（前略）…昨日安全器のひゅうじ（傍線原文のママ）とかなかかって(ママ)つかぬのでそれを買ふと思って（鶴岡に）行ったらどこにもなかった。そして銅針金にて間に合ふとのことだ。家にかへってそして見たらついた…」。

この年末の記事は、当面の課題とは関係ないが、当時の日常生活のエピソードを示す一齣として紹介しておく。著者の記憶でも、「安全器のヒューズ」はよく切れたものである。電気器具の不具合、故障が頻々としてあったためであろう。それを「銅針金」で繋げばたしかに電流は流れて直るが、考えてみれば危険この上ない。こういう工作は男の子の仕事であった。

【大正一三（一九二四）年】

「野の人」刊行の準備は続く

年が明けて、大正一三年である。太一の文芸への関心は、さらに続く。

1月2日「…（前略）…雨が降ってそれに風だ（な）ので非常に悪しき天気だった。が今日はどうしても鶴岡に行かなくてならぬ。十時出発、銀葉君に寄った。一所[ママ]に、小淀川の久米君にも行って、三人…、先ず菅原紙屋にて表紙（緑色）を五枚と国盛半紙十五拈[ママ]（帖カ）と掛紙二枚、合計一円であったが、先方で間違って八十銭と云った。後、小池書店にて私は日記帳三册買った。社のものとして原紙十五枚、私のものとしては青雲堂に行って原稿用紙一拈[ママ]、日向書店の懸賞文発表を見る。私のは十貳番、與一郎君のは四拾六番…」。

1月4日「…（前略）…私は先ず起きて加賀山兄の返事と松太郎兄に玉稿を送ってくれとの手紙を書いた。今日寝ていても〝野の人〟のこと非常に心配でならなかった。それより後、〝和歌〟四ページ、（原紙）に二枚書いたがよく刷れるかどうかこれも心配…」。

1月6日「…（前略）…又もう一つ心配なのは〝野の人〟の製本するに付って（当たってカ）字の拙いことと鉄板の悪いのには平こう（閉口カ）だ」。

1月13日「今日は日曜だ。私は九時頃迄器械で縄をなふ。がその後は休んだ。私はすぐ学校に行って、原紙に発刊の辞と、創作は午後だが書く。銀葉君は午後来た。そして彼は俳句などを書く。先に銀葉君のをすったら、上出来、私のはだめだ、字がはっきりうつらない。そして拙かった。くやしい。一日の仕事がこんなになったと思うと、くやしい。残念だ。心がぐじゃぐじゃ…」。

1月14日「…（前略）…晩昨日すったのを切り、又見本として一冊作る。…しかし心配なのはこれから長くけいぞくして行かれるだろうか。勞と日の短ひのに對して一難去って又一難だがやれるだけやって見よう」。

大正一三年の正月は連日「野の人」の発行準備である。掲載する作品の心配よりも、印刷、製本など雑誌としての体裁の工夫である。一緒にやっている久米君が住む小淀川とは、白山近くの村つまり部落で、太一の白山林のすぐ近く、同じ大泉村に属していた（現鶴岡市）。

蛭を買いに

1月15日「父が彌生の頭（物のだしたのを）につける蛭を買ひに行く。晝迄にきた。…山形師範学校生の五十嵐松太郎兄より原稿があった」。

この蛭の件は、当面の主題とは関係ないが、これも当時の生活のエピソードである。妹の頭に出た「できもの」を蛭に吸わせ、膿をだして治療しようとしているのである。かつて民間療法で見られた方法である。

なお、この日の記事で見ると「山形師範学校生」からも原稿が届いているのだから、太一たちの「野の人」発行の計画は、たんに村の小学校夜学レベルを超えて本格的になっていることを知ることができる。が、それにしても、ガリ版印刷に苦闘したり、雑誌実現のほうがいささか心もとないように見える。

「野の人」の代金

1月22日「今晩は夜学だ。修身、その後は東宮殿下御成婚の奉祝の唱歌を練習する。〝野之人〟の代金土屋清八六十銭、喜代吉五十銭、幸吉五十銭、竹治十五銭、伊八十五銭だった。別に久米太君寄附五十銭だ。私はまた心配が一つ貞一君がこの二月東京に行くかもしれぬとのことだ。そしたら、俺一人、淋しい。一人ぼっちだ。そして、これを継続して行かれるだろうか」。

東宮殿下とは皇太子、つまり後の昭和天皇のことである。夜学でその「御成婚」祝賀の歌の練習があったわけである。その日の夜学で、「野の人」の代金を集めた。人によって値段が違うが、それぞれの家の経済事情によるのだろうか。寄附をだしている人もいる。それにしても、これまで仲間だった貞一君が東京に行くとの話。「俺一人、淋しい」。それでこれからも「野の人」を継続して行かれるだろうか、と悩みは深い太一である。

若勢

1月25日「…（前略）…政公は午後からは出ない。そして彼は今度作右エ門に奉公するそうだ。で、そのかわり、どっからか下男と下女と来るそうだが、下男は兵役に服し、二月頃くると云ひ、女は子宮とかやむとしばらく来ない。…」。

2月16日「今日淀川の久恵とかが若勢のことでくる。木原とかからで給米は十三俵とはずい分ひどい話だが、無いと云ふので仕方なしに。今日少年くる。晩に小（少年カ）に投書するのを書く。独立＝三月号発表…三月十日ころ、青年＝三月ひょっとしたら四月…ノ五日頃。日本少年＝五月号―四月の五日頃＝美談（傳説）＝三月ノ十日頃、少年＝三月の廿号＝三月二十日頃、四月の初ころ。先ず私の投書したのはこれだけである。どれもだめだ、のだ」。

若勢つまり年雇の「政公」が一月二五日午後から来ないことになった。そして、「作右エ門に奉公する」という。どこからか若勢とめらしが来るという話だが、代わりに来てくれるはずの若勢は今兵隊に行っていて、二月にならないと来ないという。おそらくは父親の話であろうが、経営規模の大きい太治兵衛家では、困った事態である。ほぼ一ヶ月経った頃、若勢の話があったようだが、給米は一三俵とかで「ずい分ひどい話」と嘆いている。木原という地名は著者も分からない。それはともかく、若勢つまり年雇の給与は、川北の例になるが、旧牧曽根村（後酒田市大字牧曽根）の地主松沢家で手作り地の経営のために雇傭していた若勢は、明治三〇年代で「平若勢」が六俵程度、馬耕が導入されて「馬使」が七俵半、長く務めて明治末から大正期に「鍬頭」を担うまでになった人で一〇～一一俵であった。[1] これに照らしてみると、大正末とはいえ一三俵とはたしかに「ずい分ひどい話」で、本当に雇傭したのであろうか。他方太一自身は文芸活動に余念がない。少年雑誌に、次々に投稿を書いている。しかし、なかなかうまく行かず「どれもだめ」である。

(1)細谷昂『家と村の社会学――東北水稲作地方の事例研究――』御茶の水書房、二〇一二年、七三四～七三五ページ。

恋している

2月14日「…（中略）…この所早いころにできて新助田に行った。初（？）とバッたり行あったが俺は何とも思わなかった。いつもだったら頬の赤くなるのを覚えるのだったが、今日は何とも思はなかった。俺には戀人があるのだ。真実の戀だ。彼女の面影など今日も俺の頭からはなれなかった。俺は彼女にほんとうに戀してゐるのだ。昨日出した手紙も今日あたり着いたはずだ」。

2月15日「…（前略）…午後休む。実際は俺は休みたくなかったのだ。そして日曜日に休んで、〃野之人〃の方もでかし、又恋人のおみよさんともひょっとしたら會へるのだが…私はこの頃からめっきり陰うち（ママ）なってひとりに物思に沈む様になって了った。…」。

この「恋人おみよさん」とは、突然にこの頃の日記に登場するので、どういう人か分からない。が、ともかく夜学で会える人のようである。そのなかで「真実の戀」に出あったと、自分では思っている。

友人との別れ

2月22日「…（前略）…その後、揚水機のところに村人一同土引きだ。午後もこの仕事を。晩は夜学だ。今日思ひがけ無くも銀葉君の別れの手紙…別れなければならないと知りつつもやっぱり分かれと聞けば驚く…あの貞ちゃんもいよいよ明日五時三十八分の汽車で行くんだ。これが、我等朋友の定められた運命だ（な）のだ。そう、とうとういんたなあ。…俺は一人ぼっちになった。〝野之人〟のことも困難になってくる。…」。

2月23日「…（前略）…貞一君は停車場に行ったのふので大急で行って見る。果していた。彼の目には感激の涙のあふれているのをチラリと見た。今日、これで別れなければならないのか…夢のようだ…あこがれの都に行くのだ。話しても話してもつきぬ愛着をたって別れる。彼はだまって俺等二人の姿をだまってみつめてゐた。私は、もう一度振りかへって見たときはやっぱりぢっと見つめてゐた。かへり吹雪…」。

少年らしい別れの感傷である。銀葉君とはやはり貞一君のペンネームだったようだが、当時は村を去る少年はそれほど多くはなかったであろう。わざわざ停車場まで送りに行っている。その後「野の人」はどうなったのか。日記のしばらく後に再登場する。

おみよ様からの断り

3月27日「…（前略）…今日おみよ様に再び雑誌を送る。…（中略）…午前の郵便ではやっぱり彼女に文を。そして百、彼女のことを頭にうかべた。ひとり悩んだ。そして三重、静岡県に〝野の人〟をだした。…」。

3月29日「…（前略）…銀葉君の来信。再び恋人のおみよ様よりの手紙、私は戦く手で封を切る。しかし自分で自分を制しつつ幾分か落ちついた風をして。それにはこれから手紙のやりとりをことはるとのことびっくりした。しかし考へてみると彼は女だけにその私等二人の間の秘密の知れることをおそれたか雑誌と手紙は無事についたとのことだった」。

雑誌「野の人」発行のための仕事は続くが、おみよ様との交流は「手紙のやりとりをことわる」と言われてしまったようである。が、「彼（彼女カ）は女だけに…二人の間の秘密の知れることをおそれた」のだろうと自分を納得させている。

作文入賞

4月14日「…（前略）…朝粂太君からの通信あった。…それで大至急彼のところに行く。道々色々のことが頭に浮かんで来た。入賞…小生作の作文…入賞…うれしい。彼の家につく。かれは非常によろんでくれた。日本少年をすぐ見る。入賞…うれしい。…」。

5月8日「…（前略）…待ちに待った日本少年のメタル来る。桐箱に安置された銀、七宝入りのメタル俺はよろんだ。…」。

どういう事情で、入賞の連絡が粂太君からあったのか分からないが、あるいは粂太君が『日本少年』の読者で彼の所に来た雑誌に太一入賞の記事が掲載されていたのであろうか。ほとんど一ヶ月近くたって、「待ちに待った」入賞のメダルが届いた。桐箱入りで七宝のデザイン。飛び上がって喜んだことだろう。これに力を得てか、同人誌〝野の人〟刊行の準備は続く。

「野の人」刊行

5月1日「…（前略）…〝野の人〟の書く。今日で皆できた。ゆっくりした。…」。
5月9日「今朝は雨だ。先ず馬のもの、今日も大急ぎで切る。…その後飯を食べた。…今日休みだとのことをきいた。雨はふる。風は吹く。ひどい空だ。が、朝仕事として苗代の草取りをする。だっぷり水に入ってやるんだから冷たいといふにそれに寒い。ほうほうの体で家にきた。あとは休みだ。私は〝野の人〟のことをする。製本など…今日で皆できた。そして発送もした。今晩は夜学だ。〝野の人〟を配布する。又メタルを先生にも見せ、〝漫筆〟を伊藤先生にかした。…（中略）…また伊藤先生から金一円、お寄贈（ママ）された」。

記念すべき〝野の人〟刊行である。夜学の友人たちに配布し、それとは関係ないが、先生にもあのメダルを見せて、寄附一円を頂いている。ところが、である。

鶴見落選

5月13日「…（前略）…私は、学校の小便を汲んでくる、一回。今朝は馬鹿に寒い。午前、上の谷地に行く。午後もその通りに。…今日選挙の結果わかる。鶴見孝太郎氏は落選したそうだ。おしいことをした。ほんとにこまったことだ。家人一同落胆した。…」。

いつものように朝から学校の小便汲みなどの作業をしているが、この日は、大正一三年の衆院選の開票日だったようである。隣家の代議士鶴見孝太郎は落選である。「家人一同落胆した」とはあるが、太一の日記にはこの程度の記述しか無い。しかし先に見た田崎論文にあったように、これが阿部太治兵衛家の没落に結びつく出来ごとであり、大人たちの間ではその対策、今後のことについて、さまざまな論議が行われていたであろう。

「野の人」廃刊

5月26日「…（前略）…今日の晩、臨時夜学、六日のをくり上げて。…算、國。白井に、〝野之人〟廃刊にしたらどうだといふことを相談。彼はただウンウンといふ外ない。少ししゃくにさわった。伊藤先生に話したらそれ等の事情はわかってゐるが、もう少し考へて見たらどうだといはれたのでした…」。

7月13日「…（前略）…夕べ伊藤先生から書いてもらった〝野之人〟廃刊のことを書く。したらとうとう眠ってしまった。後馬の物を刈ってくる…」。

7月16日「…（前略）…午後は休みだったのでゆっくり。私は廃刊の通知するのをやる。もう晩迄かかった。恋人のおみよさんが通って行った。私は回り道をして彼女を追いかけた。しかし人がいたのでそれはやめた。…今日貞一君から通信ありき…」。

9月16日「…（前略）…晩、〝野之人〟の誌代催促する手紙四通書いた。まったく誌代の未納者には閉口してしまう…」。

あれほど熱心に取り組んだ「野の人」を廃刊にする理由は、分からない。誌代未納者はあったようようだが、それもさほど金額でもなさそうである。一緒に取り組んだ友人が東京に去ったということはあったが、それが理由とも書いてない。あるいは、これまでの記述からして謄写印刷が難しかったようなので、思うように雑誌を作れないことが挫折の原因かもしれないとも思う。

若勢のストライキ

ところで、七月、草取りの最中に面白い記事があるので次に紹介しておこう。

7月26日「今朝もやっぱり雨降りだ。正月願ひも叶□（不明）のででる。九時頃だった。五六人の若い人等がゾロゾロと上田入りにきた。不審に思ってゐたらそれは西京田の若勢がやはり正月願ひにいったそうだが、叶は（な）

いので、いはゆる小さいストライキを起して俺の家に使ってくれときた。あいた口に牡丹餅とはこのことだ。血気の者だからすばらしい。午後一日か、つて上田元全部と大上半分でかした。…」。

7月27日「まだ五人の若者はねていた。私もねむくて仕方なかった。が、起きでる。すぐ飯をかひこんであた。先ず中道、草はそう生へてはゐない。…（中略）…彼等は大上の方まで（で）かしてこちらにくる。午後は、高目の方と荒田まででかす。…（中略）…今日きた人の名前は（米吉、辰、金治、幸太、一郎）だった。五人…」。

7月28日「今日は上の谷地、稲長いのでなり（傍線原文のママ）はすっかりぬれて了った。晝近くなったら非常にあつくるしい日になった。今日湯田川の人等雇人にきた。四人（一円六十銭）…」。


つまり、西京田の若勢つまり年雇者が、あまり暑くて仕事が大変なので雇い主に「正月」つまり休みを願ったが認められないので、「小さいストライキ」を起してぞろぞろと太一の家に使ってくれといって来た。太一の家では「あいた口に牡丹餅」で、早速使って、仕事がはかどったというのである。彼等から見れば若勢として働いている家ではないところで働いていくらか給料を受け取って得をした訳である。翌々日に太一の家では別の雇い人四人に一円六十銭払っているので、この若勢達も同じ位儲けたのであろうか。庄内の若勢とはこういう存在だったことに注意しておきたい。つまり雇い主に身分的に従属する名子のような存在ではなく、あまり仕事が大変だと「小さいストライキ」を起すなど、そういう相対的に自立した存在だったのである。

百姓はつまらない

ところでこの頃の太一の気持ちを赤裸々に記したある日の日記があるので、これも以下に紹介しておこう。

9月18日「今日は鎌止め…稲刈りは中止する。私は学校の小便くみに行く。車で三回くんでくる。生徒等が臭いとか何かいって通るのに對して私はある大なる悲しみと侮りとを感じた。こんな仕事も百姓はしなければならないと思ふと又しても空想になった気がする。百姓ってつまらないものさネ。…毎日親父ににらまれて…。午後休む。雨降る。菅野代の姐さんくる…あゝ…もう一度でよい。過去のことをたどって見たい。去る八月の海水浴のこと…大山祭のときのこと…すべてがなつかしくてたまらない。あの時は美装した彼女に對して私は決してよろこばしい感はなかった。というのは彼女の美しければ美しいだけ俺との間ははなれるのだから。…もう何も思はない…」。

これまでの太一からは聞かれないペシミスティックな文章で、何があったのかと思う。しかし学校の小便汲みを生徒達が「臭い」とか何とかいって通ったということの他は、この前後にとくに大きな出来ごとも書いてないので、ただ毎日の生活のなかで思っていた心のなかが、生徒達の言葉によってふと表出されたのであろう。

【大正一四（一九二五）年】

苦しくていやになってしまった

1月10日「平凡な仕事なのであきてしまふ。実はもう苦しくていやになってしまったのだ。…」。

1月17日「なにかしら淋しい気分に追はれる。自分でも解らない淋しさだ。拾九歳　まさしく悩みの時代だ。百姓、許嫁、荒み行く心　いろんなことが頭の中を往復する…」。

2月24日「…失恋者になった私にはこの文芸がせめてもの慰みだった。期待してゐた彼女の手紙は来ない。あれには随分興奮した文字をつらねた。後悔した。涙ながら――」。

そして、農民である立場に疑問を持ち、悩む。それに恋。満で一七歳の太一である。この後、日記には、自分への思いと農作業とがこもごも登場する。長塚節『土』への感想。

5月29日「長塚節の〝土〟を読了する。読後なんとなく変な気持ちしてならなかった。大抵の小説なればその主人公なりのケンコツ（？）をはっきりと（たとへば谷崎潤一郎の神と人との門）定めるものだが、この作品はずる〳〵と底の方にひきづられて浮かぶこともなく終わってしまった。して又我々百姓の共通なるあの悲惨な光景を露骨にさらけだされ淋しかった。今日は午前は上の谷地にて牛をつかふ。雨降って来たので午後は休んだのだ…」。

鶴見農場訪問

6月14日「今日は曇天だった。…余目の鶴見農場を訪れて見る。八時十七分の列車に遅れて鶴岡より十一時の列車で行く。…一時頃目的地についた。昼飯をご馳走になった。…あれほど大々的にやっていた農場もなんとなく寂しい物に見えた…」。

余目とは「あまるめ」と読む。鶴岡から汽車で小一時間ほどの町場である。この時太一が、なぜ鶴見農場を訪問したのかは何も書いてないので分からない。鶴見農場とは、隣家の政治家鶴見孝太郎が余目町に開設した農場であり、鶴見の長男が経営し、農事試験場庄内分場が出来る前は「さながら私設の試験場の観を呈していた」と、後に阿部太一は書いているが、大正一三年に建物が火事を出して閉鎖になった。[(1)] その荒廃の姿に太一は感慨を「寂しいもの」と語っているのである。

(1)阿部太一編著『鶴見孝太郎小傳』鶴見孝太郎「孫の会」、一九七九年、七七～八二ページ。

鶴見家斜陽の影

10月16日「世の中ってものはずるいものが勝利を占めるものだ、といふことを祖母が云った。一寸不愉快な感じがした。晩…十蔵君は余目農場のゴタ〳〵を話してくれた。私はほんとうに気の毒でならなかった…」。
10月17日「鶴見家が現在ごた〳〵にもめているのを思ふと気の毒だ。とりわけ余目のねんはん(?)を想ふと胸が疼く。あんな平和な静かな農場にもそうした争闘はあるんだ。なんといたぢら(ママ)好きの神ではないか?…十蔵君もずい分頭を悩ましているらしい…」。

落選した鶴見家の斜陽が農場のごたごたになって現れて、友人であった鶴見孝太郎の四男「十蔵君」の悩みとして太一にも反映してきている、[1]「ねんはん」とは意味が分からない。

(1) 前掲『鶴見孝太郎小傳』一五八ページ。

【大正一五(一九二六)年】

水揚器

5月26日「今日から水揚器も運転した。晝までその用意などをかゝりの人々あまた集まってやった。すばらしい水勢なものだ。トテもすばらしい勢ほいなのだ。村の人々の面には云ひ知れぬ歓喜の色が読まれた。乾き切った真白なぽくぽくの乾し田にそれ等の水がすくすくと吸はれるのだ。畔をつけて、馬でかいて…そして田植にするのだ。田植前後は水引は目の廻るほどに多忙なのだ。そのうちに苗代の苗もすくすくと伸びる。田に水がかかるとなんとなく水□(不明)とした□□(不明)らしい気分になるものだ。女の真白い脛も暮れ近い堰ばたに見られるのだ。晩春の暮…水田からその頃になると(今でも)めっきり夜鳴く蛙の数が殖えて畔草もさ緑になるのだ。よし切りは日がとっぷりと暮れても鳴いてゐた。今日はいい月夜だ。…」。

この辺りは水不足のところで、そのことについてはさまざまな工夫が行われ、近在の大地主木村九兵衛が設置した用水ポンプは「日本の農業電化の嚆矢」ともいわれている。しかしそれは明治末のことで、ここでいわれている「水揚器」とは異なるであろう。だがその後も村内各地に揚水機が設置されており、『大泉村史』には、大正一一年に「木村谷地揚水機」が「白山林東木村に設置」され、「白山林、下清水八十六町歩に灌漑する」とあるので[1]、あるいは一部の田の完成、通水年度が数年遅れて、太一が経験した大正一五年の「水揚器の運転」がこれに当たるかもしれない。

(1)北村純太郎編『大泉村史』西田川郡大泉村、一九五六年、一八三～四ページ。

農作業の労苦と芸術

しかし以下に紹介するように、すぐ翌日の日記に、「水揚器」ができた中でも水引に行く農民の苦労が語られ、そこに「芸術」とは何か、が自問されている。毎日の農作業に従事しながら、しかしそのなかで文芸の道を諦めきれない太一の気持ちを吐露したものであろう。実際さらにその数日後の日記には、梅雨晴れの中で詠んだ歌が記されている。

5月27日　「晩中道に水引きに横あげのところに行く時、村をはずれると蛙の声の中を通って大股で歩いた。朧月夜だ。何かの大きな虫がぶんと私の頬にあたってあわてて飛び去った。…（中略）…書労働でつかれたからだを晩十時までもあゝしてゐなければならない私等お互ひ百姓を思ふと可哀想な気になるのだ。よく體がつゞくものだとさへ思ふこともある。…実際泣きたくなることもあるよ。これも食はんがためか？哲学がなんだ、芸術がなんだ。私等の現代には必要のない代物だ。しかし、しかし、省り見る時、そうした労苦の中にこその惨めさにこそほんとうの藝術があるのではなかろうか！…」。

5月30日「朝起て見ると雨が降っていた。ほんの土をぬらしただけではあったが、明け方に降り初めたので大助すかりと云ふもんだ。…梅雨はれの青み葉がくれ梅の実のつぶらつぶらに太み初めたる…」。

6月2日「親父は恐ろしいものとそう思ってゐればよいのだ。しこたまどなられたと云ふのは午後安吉と（田植をしたので）苗取りをして、二人の植手に苗待ちをさせたからだ。もともと私等が悪いと云ふものであろう。午前は散々雨が降ってゐた。…」。

右の記事にある安吉とは、太一の四歳年下の弟である。だから満で一四歳。その少年が、兄とともに田植の苗取りをしたが「植手に苗待ちをさせ」て、親父に「しこたまどなられ」ている。子供たちもよく働いたものである。

金雀枝（えにしだ）鶴岡で創刊

6月3日「…（前略）…今日午前の郵便で待っていた…結城、金丸、畔上の三氏がやってゐる創刊号の〝金雀枝〟が手許にとゞいた。うすっぺら誌であったが、とにかく内容は充実したものだった。お祝ひする金雀枝の出現（?）はこの鶴岡を中心にした文学界に一つの刺撃（ママ）をあたえるものだろうと思はれる。とにかく喜ぶ。畔上君のもよかった。…」。

鶴岡で創刊された歌誌『金雀枝』の創刊を、「うすっぺら」誌だが「内容は充実」と喜んでいる。しかし数日後の日記にはその同人になることは断ったとあるが、理由は分からない。

大正から昭和へ

12月25日「雪がまた降りつもる。今朝の目にもそれを見たし、午後四時ころから降雪あって、夜になったら全くの荒天になってしまった。冬に入る日はなおさら寒い。朝まだきから農民の挽歌の機械のうなりをきかなければならないのである。正月までにでかさなくてはならないと力んでゐるのだ。晩になるといつも云ふことだがすっかりへとへとに弱り切ってゐる。吉住清八君が湯のハマから今度かへって百姓するとかと早い頃から通信あったが、午後私を訪れて呉れた。不変ず真面目なものである。敬服せざるを得ない。いつかは彼こそたのもしい青年としての期待は充分持っている。彼の真面目さと青年の意気は実に心強いものだ。だが私は決してそう云ふものを欲しない片隅の幸福こそ私にとっては眞に偉大な幸福となる場合が多い。今日聖上陛下おかくれになったとのこと。おいたわしいことと拝し奉る」。

年末、朝早くから脱穀作業であろうか、「農民の挽歌の機械のうなりをきかなければならない」と農民の日常に触れて、「相変わらず真面目」な友人に敬服するといいながら、「そういうもの」ではない「片隅の幸福こそ眞に偉大な幸福」であると述べているが、これは如何なる心情だろうか。やはり文学への思いと農作業の日々との煩悶がいわせた言葉ではなかろうか。このようにして、「大正」の年代は過ぎて行く。

3　破局

【昭和二年（一九二七年）】

再度落選

明けて昭和二年、元日にはとくに変わったこともなく、「大勢の親族同志が集まって」新年を祝っている。ところが、この年に、隣家の鶴見孝太郎が山形県議会の選挙に立候補し、またもや落選してしまうという出来事が起きる。秋のことである。

9月26日「稲が蒼くて刈れそうにもない。秋季の清潔法で晝までにそこらを片づける。気持ちのいい朝。きれいになった。…縣会の開票日だ。村はどんなにさわがしいことだろうか。上がるものが上がるさ。天運だ。…背伸びしてくしけづる栗毛馬のおのづから毛並みと丶なふ秋はいぬめり」。

9月27日「選挙の発表だ。加藤、皆川當選。鶴見は惨敗した。信用のなくなったのだろうか。やはり金のある奴にはかなはぬ。利佐太の半分もない。こんなことから親父が一日ぷんぷんおこっていた。…」。

太一は今回も日常の仕事に従事しながら、選挙結果を横目で見ている。その受け止め方は、「上がるものはあがる」、「金のある奴にはかなわぬ」など、大正一三年の時の鶴見落選に「ほんとうにこまったこと」、「家人一同落胆」と書いていたのとはかなりニュアンスが違って、一般論なのか、そこに隣家の鶴見が含まれるかどうかは書いてないが、かなり第三者的な受け止め方である。

【昭和三年（一九二八年）】

辰五郎入営

翌年正月早々、阿部家で長く働いた若勢の辰五郎が召集を受けて入隊ということになる。

1月8日「…（前略）…晩七時頃になって十日入営の辰公がやっとかへって来る。幾何待ってゐたことだったか。見送り人が三人来て別れ酒に冬夜を更かす。明日は僕らも見送りに行かねばなるまい。今宵は静かな夜だ…」。

1月9日「今日は辰公のいよいよ入営日となった。朝そこそこに飯をたべて駅に向かった。昨日の天気もからりとはれてこの頃にない今年初めての天気だ。…九時前の列車で大山駅より向かふ…。駅路はもう入衛兵でわきかえるさわぎ。…おくりつ、おくられつ、とにかく鶴岡まで同勢五人行くことにする。心ばかりの酒くみも列車の中で十分ですましてしまった。鶴岡についたらそれはひどい混雑だ。ここにもやはり入営者の送別である。発車時刻の汽笛はなった。ホームにおこる萬歳の声におくられて山形へと走る。辰公も人垣をおしのけて、僕らを見て萬歳を叫んだ」。

昭和三年といえば、いわゆる満州事変が始まる三年前。まだかなりのどかな入営風景である。入営前日は自分の家に帰っていたのであろうか。自家から雇われている阿部家に戻って来て、そこから見送られて入営である。

年貢米今年だけ

1月12日「…（前略）…淀川の賢治どんが年貢米をもってきて呉れた。年貢米の上るのも今年だけだろふ。思ふと情けない気がする。伸びるだけの用意のあった家運が、もう腰ついてしまった。余にお人好しだからだ。

しかし他人は憎めない。農村にあってはなんと云っても財産だ。無財産になってはいらざることにも角をたてねばならぬ。情けないことだ。自分のうちにくる小作人等へ頭を下げねばならぬかも知れない。心にもないへつらひも。最も憎むものだ。どうも僕なんかはまだ若年にあるんだからとにかくあなたまかせの他はあるまい。俺だったらすぱすぱとやって退せたい様な気がする。あまりに無能な人々だとつくづく思はれる。他人事はとにかく自己の生活は他人に手段がましいことを云はれずに生活したいものだと想ふ。…今日初めて長歌と云ふものを作って見た。…こっそりやって見たが勿論いいものではない。…」。

この記事で見ると、「年貢米の上がるのは今年だけ」で、これからは「自分の家に来る小作人等へ頭を下げねばならぬかも知れない」と、家の窮状をかなり認識せざるをえなくなっているようである。しかし「無財産になって」どうするかとまでは覚悟が決まってはいないように見える。大人たちを「あまりにも無能」と批判するが、自分は「まだ若年」なので「あなたまかせの他は」ないという位置に置いている。そのなかでも太一にとっての救いは歌作だったようで、今度は長歌を試みているようである。

人の幸福は物質的なもののみではない

1月24日「…（前略）…外は雨である。雪もめっきり目に見える位ひまでに消え失せた。支配人（太郎左エ門）に作とく米をあげに行ったが、くどくど苦情を云はれて幾度行き来したことか。少しの年貢米だけど今迄同様にあがってゐればとにかくにも強いことも云はれるが、来年度からはほんに小作人とならねばならぬかも知れない。情けない気がする。家のおとろへ程悲しいことはまずあるまい」。

1月26日「…（前略）…八日町の菊屋父子がボロくづを買ひ集めてこれも汗だくであった。れいらくせる人々は余りにもいぢらしいものだ。決して人事とは思って居られない。だが、盛んになるものよりは盛んなるよりおとろへる人々に對してはある詩的な愛しいものを私はいつも見出すのである。人間の幸福なんかは決して物質的なもののみではあるまい。…（中略）…今宵は随分と書いた。…」。

二四日の記事は分かりにくいが、これまでも少しは小作地があったのであろうか。その小作料を支配人にもって行ったが、「くどくど」と苦情をいわれて、完全に小作人にならなければならないだろう来年を思って「家のおとろえほど悲しいことはない」といっているのであろう。そして二六日、ぼろくず拾いをしている人に寄せて、「人の幸福は物質的なもの」だけではないと自分に言い聞かせている。

歌の道こそ

1月30日「この頃、今日で三日と云ふものは日記を記せずにゐる。吉川英治の鳴門秘帳を読んでいたからである。まるで眞剣そのもの、様になって、今晩とうとう読破してしまった。決して功とする迄もないが、これだけの読書の力（肉体的の）のあることを内心うれしいと思ってゐる。この力で歌道に進んで行かふ…（後略）…」。

吉川英治の鳴門秘帳を読みふけって、日記も書かずにしまった。が、そこに自分の「読書」の力を感じて、「歌道に進んで行こう」と決意を再確認するのである。

農事講習会と隆耕会

2月9日「母校で農事講習会開催あったので行く。…県技師の市川氏の講演である。主に緑肥の培養…」。

2月10日「今日も農事講習会に出席。…佐藤技術員の講話。いつきいても同じ様なことを拝聴に及ぶ。と云ったところで、農業は流行物ではないので、そう変わられても困るが。とにかく十年一日の様な講話だ。一日、苗代の管理、品種の選たく、曰く肥料配合、曰く芽出し等。曰く…曰く…」。

3月13日「今日、村の隆耕会の春期総会を区長宅でやる。協議事項としては、野そ退治の件、苗代品評会の件、その他だ。…」。

「歌道に進む」ことを夢見ながら、農事講習会に出席する。「いつきいても同じ様なこと」と不満である。また「村の隆耕会の春期総会」にも参加している。これらは、各家の戸主が出席する「部落会」ではなく、それぞれの家の稲作の基幹的な担い手である鍬頭が出席する集まりである。つまり太一はまだ戸主ではなく、鍬頭の立場なのである。なお、ここでいわれている「隆耕会」とは、白山部落の任意団体であるが、一九八五（昭和六〇）年時点の面接の際の阿部太一の説明によると、「西田川郡農会の役員をしていた阿部九左衛門[1]さんが部落で発起して結成した。活動内容は技術指導。化学肥料が初めて入って来て、失敗が多かった。配合肥料の指導もした。初めは苗代肥料の指導。化学肥料が入って来る頃は、苗代坪当り人糞尿二升が基本。それに若干の化学肥料を入れる。一升なら化学肥料この位、入れない時はこの位とか指導した。あの頃は半分は苗代休めていた。カラトリを植えておいた。通し苗代といった。そういうところは肥えていて、窒素はいらない。そこに化学肥料やって失敗したりした。自分が働いた当初なので、よく覚えている。名前はそれぞれだったが、同じ様な組織は他部落にも広がって行った。興農会の支部のようなかたちで作られた[2]」。太一の三月八日の日記によると、この頃馬耕競犂会も隆耕会が主催していたようである。

(1)菅洋『稲を作った人々——庄内平野の民間育種』（東北出版企画、一九八三年、一七ページ）に、「大正期の庄内民間育種組織の人々」の写真が掲載されているが、その中に阿部九左衛門という名の人が写っているので、民間育種家でもあったのであろう。

(2)この興農会（西田川興農会）とは、明治三一年のウンカの大発生による凶作の経験から、西田川郡が県から技師を招いて行った講習会に参加した青年たちによって結成された組織であり、実質的には各村つまり部落の自作地主層が中心だったと見られるが、いわば稲作熱心者達による先進技術導入のための組織だったのである（この点については、拙著『家と村の社会学——東北水稲作地方の事例研究——』御茶の水書房、二〇一二年、六一七〜六二一ページ、を参照されたい）。

停電

2月17日「…（前略）…協同作業は早目に上がるので夕飯は明るいうちにすんだ。…夜更停電には参った。これだから新文明はいけない。やはり洋燈でもまんざら捨てたものではない…」。

2月18日「…今宵も停電したりついたりまるでひょっとこな電気だ。有難くもない執達吏の奴らが来た」。

停電に「洋燈（ランプ）でも捨てたものでない」などといっているが、そこに「有難くもない執達吏」がやって来たりもする状況である。

あららぎ

2月24日「…（前略）…晩松浦がアラヽギの二月号を持って来て呉れた。堂々たるものだ。やはり歌壇での王であると想った。…（中略）…松浦に〝正岡子規全集〟を貸してやる。実は本棚に本の並んでゐないのは淋しくっていやだったけれども、でも仕方ない。うんと本あったらなあ…とつくづく想った」。

2月25日「…（前略）…アララギを読む。なかなかにいヽ歌がある。ハバキを少し編んだが寒くて□□□□（不明）直に止してしまう。今年のうち出来ることむづかしい。いつになったらはける様になるやら。歌が今日一つ出来た。…ひっそりと朝晴れわたる背戸うらのもみの梢にもず鳴くきこゆ」。

執達吏がやって来るような阿部家の状況のなかで、歌誌「あららぎ」に感動している。太一の心にあるのはやはり歌である。

家財の整理

3月4日「…（前略）…今宵は矢馳の叔父も来て家財整理の相談をしてゐる。面白くない話だ。稲小屋も売れると云ふし、四五年前新築したところの土蔵も売れるとのことだ。何ものも売ってしまへ。さっぱり何もなくなったら清々して気持ちよいことだ。そうして初めから出直してまた来ることだ。だが、面白くないことだ。世知からい世の中だ。どうにでもなれ、とは云ふもののそこにやはり未練といふものがある。執着がある。一枚の田に對する農人の執着。バカにならぬ程真剣な執着だ」。

母方の叔父が来て、いよいよ家財道具整理の相談が始まった。稲倉も新築の土蔵も売るという。これまで家の財政状態を知りながらも、まだ間接的な受け止め方をしていた太一であるが、ここ迄来ると深刻にならざるをえなくなっている。所有する田地に対する執着の真剣さに改めて気づいている。

3月26日「一日休んでしまふ。雨が降ったから。どうも此の頃は面白くない家の有様だ。春の、こんなにいゝ気持ちのちのよい頃であるが、なんといふ呪はれた家であろふ。身に余る借財と、主人夫婦に對するそれ等から来るところある反感らしいものは持たざるを得ない。かうしてゐたところで将来とうてい見込みのない財産であるらしい。それよりも一そのこと別れて、今作右エ門の家屋敷を一萬近くで買へるなら獨立してやってはどうか？と云ふ様な話が、祖父母等の間に密かに計られてゐる。不遇な私等である。同情される境遇にはなりたくないんだがやはり一念とあきらめるよりは外ないであろう。世の中の人、とり別け村人の皮肉な笑ひが待ってゐる様な気がしてならない。老いた明日のひも知れない老祖父母を想うと涙が出る。四十年、否一生を□(不明)暮をすごしたこの家から去ると云ふことは余りにも悲惨な現実ではないだろうか。私だって二十幾年をすごしたこの家より去ることはとうてい出来得ないことだ。…もちろん許嫁の竹恵とも別れねばならぬだろう。…昨夜は一晩祖父母から泣かれた。惨めなものだ。…」。

太一の筆力によって、一家が陥った境遇の厳しさ、惨めさがひしひしと伝わってくる。ここで「主人夫婦」という言葉がでてくるが、太一の祖父や父は「主人」ではなかったようである。それは誰かは問題だが、これ迄の日記では

この点については何も触れられていないので、後の記述に待つしかない。そして、「祖父母等」の間では、このままでは到底将来の見込みはないので、「作右エ門」の家を買って独立したらどうか、との話が「密かに」でている。「許嫁の竹恵」という表現があるが、この人はこれまでも太一に日記に度々登場して、一緒に仕事をしたりしているが、「許嫁」との記事はなかった。

肥料も入れずにいい稲は作れない

7月3日「…（前略）…肥料も入れずにいい稲をつくらふということは間違ってゐることだ。親父が今時になると例年通り稲の悪いことをこぼす。実のところ親父の心になって見れば、勿論のことだ。肥料を存分に呉れられない境遇と、ある敗目（負目カ）が、そうした稲の良否から来ることのすべてのことに對して控目であるいふことなんかに二重三重に苦しめてゐるのだ。大親父の消極的な仕草がことごとに失敗してゐるのを目撃してゐるだけになほ更歯がゆいことだ。いい稲でも作って毎日の債鬼からの責めをせめても、その青田を眺めてまぎらはしたい。親父を初め僕等の心願だ。稲が悪い、朝起きが悪い、云はれるうちに秋も立つ。現在の生活がいつ迄つゞくやら…」。

家の経済のために肥料も入れないでは、いい稲は作れない。いい稲を作って、その青田をながめてせめてもの慰めにしたいという親父の心境を思い計りながら、しかし「大親父の消極的な仕草がことごとに失敗している」と恨んでいる。この「大親父」とは誰のことか、ここで初めて日記に登場する。太一の父の父は「祖父」といわれているので、その人ではないだろう。あるいは太一が属している大家族「阿部太治兵衛」家の「主人」の父親、つまり先代であろうか。そうだとすると、その「消極的な仕草」で家が衰退したと考えて恨むということはありうると思う。「毎日の債鬼」とあるが、この少し前、四月一八日の日記に記された「ある一日」と題する随筆に、「母のこの家にきた時の衣類を差し押さえてゐるらしい。…べたべたとそこらに張紙をして執達吏は暮方にかへって行った」との一文があり（「文章倶楽部六月号散文」と附記されている）、この随筆に書かれたような経験は、「毎日」ではなくとも、時折あったのかもしれない。

銀行の奴ら来る

9月20日　「上の谷地方面の稲刈りである。面白くないことをここにも書かねばならぬことを僕は悲しむ。と云ふのは今日例の銀行の奴等が大山刈その他の田を見に来たのである。借財に首もまはらぬ主人は田を売るにも売らず、まごまごしているのを銀行では、もどかしさにその抵当にはいってゐる田をあちらで自由にうるんだそうな。そうされても仕方ないものらしい。なんといふ淋しいことだ。夢にも想はなかった椿事だ。きくにさへ嫌だった。小作人とならねばならぬのか。一生拂ひ切れぬ借財を負はねばならぬのか？いまいましいことだ。なんといふいまいましいことだ。いっそのこと逃げ出しても自分一人はどうにかかうにかは生きては行かれるが、くるりを見はすときそれは出来ない。さればといっても、いつ迄さうしてゐてもつまらぬ。長男に生まれ来たことをしみしみなさけなく思ふ。いつも云ってゐる、金があり、自作農で□(不明)あればこそ初めてそこにゆとりも出来田園生活の味も出来るのだ。一方は自然といふものにおびやかされつ、また一方地主に圧迫されてゐる現在の農民こそみじめなものはない…」。

銀行の負債が返済出来ない場合、その取り立てがどのようにおこなわれるのか、著者は知らない。が、ともあれ日記の記載をそのまま紹介すると、刈り取った稲も差し押さえの対象になるので、稲の刈り取り状況を調べに来たというのである。借財した「主人」が土地を売らずにまごまごしていると、土地も銀行側で勝手に売るのだとも書いている。そうすれば小作人にならなければならず、一生払いきれない借財を負わなければならないのか。自分一人ならなんとでもなるが、そこは「長男」でそうもできない、自作農であれば、田園生活も楽しめるが、小作農になっては地主に圧迫され、みじめな暮らししか出来ない、と悩みを記している。この「主人」とは、どうやら太一の父や祖父ではなさそうで、太一が属する「大家族」の主人なのであろうか。

さらに数日後の日記。

9月29日「朝から稲上げである。…晝頃六七銀行の人が来て僕等に話したいことがあるかくと云ふので二時間も手間どった。…それは…まあ簡単に云へば現在の主人（富太郎）は全然相手にもならぬから僕等が銀行の負債を負ひそして二町四反の地を耕作するか否か…とのこと。しかしどうそろばん取って見ても年々最低利息を八百円三銭としたら千三百円の利息である。これで戦って行けるか否か。軽はづみには出来ない問題だ。何はともあれ馬町の家に相談して見るといふことで別れる…」。

稲上げをしてるところに「銀行の人」が来て、「かく」（書くヵ）というので時間がかかって二時間も話し合った。負債を「僕等」が負って、抵当に入っている二町四反の田を耕作するかどうか、ということだったようである。この銀行側の提案の意味がよく分からないのだが、土地がなかなか売れそうにないという判断で、銀行が土地を所有して太一等に小作させ、その小作料で負債を返させようということなのだろうか。銀行側は利息計算をして提案したが（「かく」といったのはこのような利息などの数字だったのではないか）、それで「戦って行けるか否か」、「馬町の家」（一一月三〇日の記事によると、母の実家のようである。父の実家の太治兵衛家はまさに渦中にあって、相談の対象ではなかっただろうから）と相談して見るというのは、当然の返事であろう。ただし、「僕等」とは太一の他だれのことか分からない。田圃で一緒に働いていた者達に話しかけたのであろうか。

10月1日「…銀行の奴が来て、僕等に先日のことをきゝに来た。実のところ銀行の奴が僕等をだましに来たのであるとのこと。油断のならない世の中だ、と今更乍ら想はれる」。
九月二九日の話はどうも分からないと思ったが、やはり「銀行の奴らがだましに来た」のだと、太一側では判断したようである。その後は、普段の農作業が続いている。

小真木大根

11月23日「…全くいい、お天気で、大根つみをする。こんな日は何をしても愉快なものだ。今年の出来は悪くはない。小眞木大根の方、沢庵漬に持って来いの奴多かった。…」。

白山は稲作地帯であり、まれに養蚕についての言及がある他、ほとんどが稲作の記事であるが、珍しくここに畑作にかかわる記事があるので、紹介しておく。小真木とは、藩政村名であるが、現在は鶴岡市に属しており、太一が住む白山に近い部落である。その村で栽培されて名が知られたのが、小真木大根であるが、白山もその近在なので、この大根を栽培して「沢庵漬」にしていたのであろう。商品としての大根栽培ではなく、自家用野菜である。形は徳利形の大根で、「根の質は硬くス入りは少ない。煮食や浅漬には向かないが沢庵漬にすると翌年の六月過まで食べられる。以前はこの地方の田植が五月下旬から六月上旬まで行われたが、このサツキには小真木大根の置漬が必ず使われ」ていたという[1]。

(1)青葉高『北国の野菜風土記』東北出版企画、一九七六年、一四四ページ以下。

小作米を納める立場

12月15日「家の都合で土蔵に米をおくことの危険を知って今日小作米やるところにはやることにした。とうとうちでも小作米てうものを収めねばならぬ様になってしまった。今はどうにもならぬことだ。一枚の田に對する農民、即ち父、家人の執着は今はせんないことだ。あきらめるより外に道はない。あきらめ様。…柳田に十五俵（四斗入）を総かかりで運ぶ。…」。

太治兵衛家は「とうとう小作米を収める」立場になってしまった。この日、一五俵を地主の家に「総がかり」で運んだという。それにしても「土蔵に米をおくことの危険」とは、どういう意味だろうか。差押を恐れてだろうか。

三俵平均

12月24日「今朝は早かった。…五時起床である。夏ならもう朝草を刈って、馬を洗ふ時分であるが。二百六十六の稲をそうおそくなく出来た。今日で全部出来あがる。こんなに早く出来たのは近来ないことであろう。米全部で二百七十二俵（そのうち二番米も入ってゐる）五斗入である。三俵平均は行く様だ。…淀川の賢治どん小作米の切符を持って来る。小作米なんか来るのも今年だけのことだ。寄るとさわると貧乏話でどこも持切りである…」。

「二百六十六」と書いているのは稲の刈束数だろう。この日刈った数字だろうか。次に書いてある二百七十二俵とは、この家の全収穫量だろう。但し二番米も入れてである。五斗俵なので一三六石になる。「はじめに」で紹介した太一の証言では、阿部太治兵衛家は、自作六町五反とされていたので、所有権はともかく耕作面積は維持されていたとすると、反収二石九升二合ほどとなる。そうすると五斗俵で四俵余となり「三俵平均は行くようだ」という意味が分からない。二番米を除いてということだろうか。小作米を納める立場に立ってこのように胸算用したのかもしれない。農林統計によると昭和三（一九二八）年の西田川郡の反収は二石三斗、白山を含む大泉村は二石二斗一升七合となっている。[1] 白山の資料はないので部落平均は分からないが、太治兵衛家は村平均を下廻る。「肥料も入れずにいい稲は作れな」かったのであろうか。但しこの年、同じ庄内でも飽海郡の平均は二石四斗強なので、そもそもこの辺りは庄内でも多収地帯ではないようである。また、「はじめに」で見た太一の証言では、「貸し付けが五反」とされていたが、この日記に出て来る「淀川の賢治どん」とは、その貸付地の小作人だろう。「小作米の切符」といわれているのは、庄内の小作米は、米券倉庫の入庫券によって支払われていた、そのことである。小作米が来るのも「今年だけ」といわれているのは、阿部太治兵衛家の負債による土地喪失を予想しての言葉である。

(1) 山形県『山形縣における米作統計』山形県農林部、一九六九年、二〇ページ。

【昭和四年(一九二九年)】

町に出る農民

1月19日「午前雪降っていて、外に出るのもおっくうだったから、午後になって、堆肥曳きに出る。高畑を出かして、高目の藤左エ門に貸してゐた田を今年から自作することになるのに曳き込む。一寸変な気ががした。張るだけ張ったところでろくろく肥料も入れず、ちっぽけな稲を作って人に笑はれはしまいかと。それといふのも、つまりこの様な貧乏になったものだから半割三俵で貸して(小作さして)ゐるのはバカ気でゐるといふ寸法からではあるが」。

1月20日「遠い祖先でなくともとにかく前代が百姓して来、自分もその様にたちまわって来たのが、ふっつり百姓をやめて、町になりどっかに行く、といふことは実に百姓にとっては重大問題以上の問題だろう。そこ迄行く決心、その決心さへも決して華々しい決心ではなかった。泣くに泣かれない悲惨な決心であろう。一枚の田に對する百姓の執着。それをも勇敢に振り切って行くといふことは。太三郎一家は家をた丶んで今度町に出るとのことだ。かうした生々しい事実が現在の農村のいたるところに見られると云ふのは、どうしたことだろう。決して他人事としては黙示(ママ)してゐることは出来ない程、僕の家の状態及びこの村全体の姿であろう。働いても働いても追きっ(ママ)かない負債。骨をすり減らして働いても負ひつかないのである。決していくじないと嘲笑ふことは出来ないのである」。

一九日の記述は、負債によって困窮した状況の中で、これまで小作に出していた田を引き上げて自作するということである。「半割」とは、後に掲げる「作田諸事一覧表」で見ると、田の地名である。それを、小作料三俵で貸しているのは「バカ気ている」というのである。それよりも自作して全量取得しようということなのだろう。二〇日の記述は、おそらくは同じ村つまり部落の中の「太三郎」という家が、近く家を畳んで町に出るという話を聞いて、自分の家に引きつけて抱いた感想である。昭和初期の不作、農業恐慌の本格的到来にはまだ数年ある時期だが、農民の困窮はひしひしと迫っていたのである。

太治兵衛家破産

2月4日　「…（前略）…破産してしまった現在のうちの状態なんか思ふと実際どうにでもなれと云ふ感じが起きないでもでもない。…親父の無力をつくずく情けなく思った。…とは云へ決して親父を軽蔑するのでもないが、とにかくあまりにもみじめな境遇に立たせられたものではある。いつも云ふ通り、かうした父、母を裏切って自分だけの極端なる個人主義者には性来なれぬ自分である…」。

「破産してしまった」という記述はこの日初めて登場する。しかしこの前後の文章はかなり乱れていて、そのまま引用しても理解が難しいので、ごく一部を紹介するに止める。この辺りの経過について、阿部太一自身が執筆した『鶴見孝太郎小傳』に、みずからの「日誌抄録」が引用されている。これはかなり整理されていて、この「小傳」の執筆時に執筆し直していると見られるが、本人の執筆であり、また日記の引用の形になっていて日時を追った記述になっているので、それを手掛かりにしながら日記を読み続けることにしよう。この「日誌抄録」よると、「鶴見孝太郎名義として貸していた自家所有地の東木村七十九番反別五反歩」が「鶴見負債のため競売に付された」のは、「昭和四年一月十八日」とされている。そして続く記述で見ると、太一がその「大家族」に属する阿部太治兵衛家は、二月三日には「すでに破産」していたもののようである。[1]

(1)阿部太一編著『鶴見孝太郎小傳』、鶴見孝太郎「孫の会」、一九七九年、一二四〜一二五ページ。

大泉村中まさに乱国

この後も「破産」、「執達吏」等の記述は出てくるが、むしろ一家の人々の関係、などの記述が多くなる。それだけ事態が進行して、問題のありかが内部に入り込んできたのであろう。また、代議士をしていた程の人の破産なので、阿部家に止まらず周辺の人にも影響が及んで「大泉村中まさに戦国」とその時の状況が描写されている。しかし、そこに登場する人々の名前はまさに錯綜しており、その関係を容易に理解できないので、日記の記述のままに紹介することは避けて、この頃の太一の心境を示す歌を次に紹介しておこう。

2月15日「…（前略）…大泉村中まさに乱国である。…今日も亦うちでは貧乏話である。こんな話をきくと、いつも心が暗くなる。…（中略）…

田も土蔵も今は売るてふ話心たのしまず縄ないをする。

浮き沈みは世の習ひなれ鍬とりて思ひすなほに吾はありなむ」。

ここで、これまで省略してきた日記の記述から拾って、阿部太治兵衛家の「大家族」の構成を推定すると、以下の様に見ることが出来ように思う。すなわち、「戸主」とその直系の家族員がいる他に、太一とその父母、祖父母が、どうやら傍系の家族員として含まれている、これらの二系統からなる複合家族なのであろう。太一が小学校卒業後、上の学校に行けなかった理由もそのあたりにあったのかもしれない。しかし、それにしても、太一日記に農作業の担い手として登場するのはほとんど太一とその父であって、戸主とその直系の人々は何をしていたのであろうか。養蚕経営が主な仕事で、ただしその作業は雇人にさせていたということなのだろうか。次の日記に見られるように、太一を含む直系家族としては、むしろこの際別れて自分たちで家を作りたいという心が動いているのである。

新生への序曲を求めて

3月12日「…（前略）…今宵おそく迄祖父と父と相談した。幾十年育まれたこの家から立退くのは泣く程の執着はあるが、そうかと云ってはおられない現在である。決断せねばならぬところはそこである。家を持つとしたらやはり目に見えない小道具の不自由はあろうしせわしさもあろうが、新生への序曲（?）であるとすればそれ位のことは仕方あるまい。若し現在の家にふみとどまってゐるにしても、家屋敷だけで五六千円は背負ってゐるのである。この不況にその利子を年々支拂って行くことはとうてい不可能のことである。おまけに小作米滞納で小作田すらとりあげられたあかつきこそ悲惨といふもおろかな至りであろう。祖母父もその気になってゐる。別れるとしたら、鶴見の家に住み込む外もないらしい。…しかし静かに考へて見れば正に憎悪の世界だ。生きとし生ける人生にこれ位みじめな生き乍らの地獄はあるまい。僕の前途は波瀾萬丈である…」。

とうとう太一と父、祖父という系統の家族の中で相談になったようである。この人たちは一緒に「この家から立ち退く」という相談である。それを「新生への序曲」としたいのだが、しかし、太治兵衛家から別れるとすると「鶴見の家」に住み込む他はないという状況のようである。「鶴見の家」とは先に見た没落した政治家の鶴見孝太郎の家であろう。「憎悪の世界」などという表現があるが、これは上に見たように、「鶴見の家」を含め、また二つの系統を含む「大家族」を含めての感情であって、太一とその直系の家族員の世界ではないようである。

親族会議

3月17日「…（前略）…とにかく矢馳の叔父が親族に集まって貰ふことにし二三日前から、あの吹雪をも犯し(ママ)てかけめぐって呉れたのである。…一体今日の相談はお互ひにこれだけの負財(ママ)を持って如何に生活して行くべきか？の問題である。…（中略）…この問題に入ったのはもう十時近く迄の相談だった。いよいよ問題はこみ入り親族衆もほとほと困ったのである。して戸主がそのはんもんのため問題が深入りして来るとついと座を立つことも二三回だったのである。…（中略）…十二時頃は正に混乱の極に達したのである。…二番鶏も鳴き、三番鶏も聞いて夜は明けてしまった…」.

3月18日「昨日はこんな有様できまらずにしまい夜明けた…。何と云っても、両方一歩も　ゆずらぬといふのは無理なことである。そこに妥協の必要がある。…（中略）…かうなってよくきまったのも、こゝの佛様がどの位ひ□(不明)を出してゐたことか、と祖母に泣かれた。その時、そうは云ふもの、初め俺が無反省に金を富太郎に貸したのが悪かった、と大声で泣かれたのにもみな泣いた。涙は、こんな涙は本当に美しい涙であろう」。

右の三月一七日から一八日の日記には、破滅に直面した阿部太治兵衛一家にとって、今後の行く道を決定するべき重要な親族会議の内容が記されている。会議の深刻さを反映して、太一の日記は数日分のページを割いて書かれており、また字が乱れてまことに読みにくいし、内容的にも分かりにくい。この記述から審議・合意内容を理解することはかなり困難である。それに何よりも、あまりにもプライバシーの問題に踏み込むことになるので、詳細に立ち入る

ことは避けて、その最終的な結論については、後に（六五〜六六ページ）阿部太一の編著によって見ることにしたい。(1)

(1)阿部太一編著『鶴見孝太郎小傳』、鶴見孝太郎「孫の会」一九七九年、一二五〜一二六ページ。

農事講話が苦痛

３月30日「農事講話はもう初（ママ）まってゐた。一体現在の自分にとっては農事講話ほど苦痛に覚えるものはない。あゝしたグループにゐるといや應なしに肥料は多量に施用せねば人並みにはなって行けぬのであろう。それが自分のうちでは何としてもあの半分すら施肥もせぬ有様。これではいくらなんと云ってもよい稲なんか作くれ（ママ）る筈はないのである…。かうして胸の鬱憤を押えつけてゐる自分の行くところはいつも決まって家の財政上のことである。…そして自分自身を信んず（ママ）ることの出来ない場合に遭遇したならば自分はきっとそれ等のもに対する反動としてかなり人でなしの行動に出ないとも限らぬ。亦自殺せぬとも限らぬ…」。

困窮のために肥料を十分に施用できなくなり、農事講話に出席することも苦痛になった。これでは「よい稲なんか作れる筈はない」と、農民としての苦しみを訴え、そして、いよいよぎりぎり「自殺せぬとも限らぬ」とまで書くようになっている。

しかしこの後も、太一はしっかり農事に従事している。日記から拾い上げると、四月一一日「弟と二人かかりで苗代返し」、四月一六日「一日馬耕」、四月一七日「苗代こしらへ」、四月一八、一九、二〇日「打ちつゞけの馬耕で心身倶に綿の様につかれきってしまった」、四月二七日「隆耕会、本年度事業計画」、四月二六、二八日「一日馬耕」。しかし同時に、農事の間に歌人としての活動も。五月一九日「田植前の忙しさとなってしまった」、五月二〇日「畔割りはまだまだ出来ぬ」、五月二八日「田掻は一番嫌だ。皋丸もみな泥まみれになる有様」、五月二九日「寝る頃水引に一寸行ってみる」、六月三日「今宵谷地の水引」、「田植ももう五分通り今日から始まった」、六月七日「今日初めて僕は田植をした。田掻きに比すればどのくらい楽なことか」、六月九日「田植を一日やる。…昨日書壇六月号落手。…附属の歌壇に僕の歌一位に入選…」。この書壇とは、小学校時代にお世話になった「吉田先生」が創設に参画した書道雑誌であるが、それが歌をも募集したのであろう。この頃の太一の取り組みと気持ちを表している日記の記述と歌。

6月16日「いつも野始末は人並みにおくれてゐるのであるが、田植だけはちょっと勝った有様なので、愉快なこと。実に愉快である。……貧しさはとにもかくにも健やかに野に働けばすべてたぬしも」。

許嫁と別れなければならないかも

しかしこのような農事と文学のあいだに、家の問題がいつも影をおとしており、そこに絡んで来るのが、これまでも度々その名が日記に登場していた竹恵である。

5月30日「どうも面白くない一家の不和合ではある。この分では許嫁の竹恵とも別れねばならぬ羽目になるかも知れない。実のところは愛しているのである。むしろ恋とまで云ひたい位ひ。思へば何事もなかったらとうに夫婦になってゐた筈なのである、かうなった以上あきらめる時はあきらめるよりしかたない。とは云ふものの大なる未練ある。初恋のおみよさんに對した時は実のところ告白すればやや恋に恋した。少年らしさの恋だった。…」。

7月5日「…今日も亦しみじみと生活のことを思った。竹恵もこのことに関しては僕以上に悩んでゐるらしい。暗くなる迄働いて来た夕飯の膳での話はみな悲しいことのみであった。東の畑もせっぱつまっていよいよ明日競売になる由…」。

このおみよさんとは、大正一三年頃の日記に登場する人物である。その頃太一はまだ一七歳、たしか「恋に恋した」時期であったろう。しかし今は二二歳、当時の農家としては結婚適齢期である。そこで許嫁とされている竹恵という人は、これまでも日記にたびたび登場するが、しかし実は許嫁とは書いてなかった。詳しいことは分からないが、おそらく母方の親族なのだと思う。そういう意味でごく親しい日常の交流のあった人である。だからかえって許嫁とは意識しなかったのかもしれないが、双方の家族など近親者のあいだでは暗黙の許嫁だったのかもしれない。その人を、結婚適齢期になりながら、家の事情によって結婚など遠のいてしまった状況の中で、かえって許嫁と意識する様になったのではないか。

太一家の「分家」

6月26日「…（前略）…とうとう僕等も徳右エ門に分家することになり、その名義を俺の名義にするとのことで、印鑑証明を役場よりもらってくる。…」。

6月27日「鶴見と徳右エ門の家のことで三つ巴の混乱である。とにかく僕方ではとうとうあの家を買ふことに決定した。それで鶴見はもう立退くより外はないのである。今宵、孝五郎君が来て（おそく）さめざめと泣いて行った。現世の悲劇である。すべての愛着を振り切って他郷に移住する寂しさを想ふとき、慰めの言葉もなかった。とはいへ心のどこかでは、そうしたことの当然であらねばならないことの的中した皮相な快楽すら感じる自分ではあったけれども。何故なれば、僕等のかうした分家することも、亦、家の破産も多くは彼鶴見の奸計にかゝった悲劇であるから。所謂、英雄の末路禮賛でもあるまいが。正に家の運命をまのあたりに見せつけられた。…親父は登記のことで、矢馳の叔父と出鶴」。

6月28日「昨夜、徳右エ門の家に親父と二人で宿った。今度はとにかく買ったもの故萬一のことあってはとりかへしつかぬからと云ふような理で、廃家の一夜。ものさびしいものだった。これに全部しきりをつけること の悶着を想ふと鶴見のあの乱ぎ（ママ）を思ひ浮べて慄然たるものがある。庭の生草も抜き障子も立てすべての日用品をもと、のへ、そして新しく生活する僕等の労苦は事実多大なものであろう。…しかし今やうやくにして新生への道が拓けつつあることをしみじみ感謝せねばならない。親族方の好意からかあの家宅地は僕の名義になっているのである。これにも少なからざる理があるであろうが。と云ふのは僕の百姓に適せざる性をかなりに心配してゐるから家出の予防と、そしてこれからの僕の責任の重大なことを感じさせること、もとられるのである」。

阿部太一家発足

とうとう太一とその父は阿部太治兵衛一家から「分家」することになった。ただしここでいわれている分家とは、家産の分与を伴う新しい家の創出という社会学的な「分家」の概念とは意味を異にするようである。複合家族によって構成された「大家族」を二つの直系家族に分割して、それにともなって居住する家屋を二つに分割する、つまり「屋移り」するという意味である。新たに住むことになった徳右エ門の家とは、どういう関係か分からないが、二七、二八日の記述から見ると、この家も鶴見の破産の巻き添えで破綻して、その家屋が「廃家」になっていたようである。その家は太一の名義になった。これは、太一が「百姓に適せざる性」であることを見抜いて、親族がいわば首に鈴をつけたのだ、と太一は見抜いている。先の二七日の日記は、前掲の『鶴見孝太郎小傳』の「日誌抄録」によると、鶴見孝太郎は「六月廿七日　債権者より『立退命令』を受けて急遽立退かざるを得なくなった[1]」とされているが、その日の太一の感想である。農民が永年住んだ村を出て「他郷に移住」することの寂しさを代弁している。むろんその裏には、太治兵衛家をも巻き込んだ鶴見の没落へのやや皮肉を交えた感想も伴ってではあるが。ここで「さめざめと泣いた」とされている孝五郎とは、やはり『鶴見孝太郎小傳』によると、鶴見の六男である。明治四五年生まれとされているから、この時一七歳である。(2) そして他方の太一は、廃家になっていた家を買って、「新生の道」に歩み出ようとしている。「廃家」になっていた家であり、そこで日常生活を始めることには大きな困難が伴うであろうけれども、しかしともかくも一軒の家を持って再出発しようとしているのである。しかもそれは太一の名義になっている。そこに示された親族方の好意には「しみじみ感謝」しなければならない。したがってこれからは、阿部太治兵衛家ではなく、阿部太一家となる。

なお、関連して、この『小傳』には、「七月十二日　阿部太治兵衛（戸主富太郎）でも親族相談の結果、祖父母（富太郎の実兄）、父母、太一ら家族十人は同村丁六二番地に分家独立のこと決定」と記されており、そこに以下の様に附記されている。

「一、　譲渡相手方　鶴岡市　金貸業　加藤専蔵
　宅地　三百十二坪（坪二円）
　家屋　茅葺一部二階　六十七坪
　計価格　千二百五十円也
　(出金は阿部大八（母の生家）、木村庄之助（父の弟）にて負担)
　登記名義は太一とし戸主となること（二十三歳）
二、富太郎分　小作地　三町八反　畑三反　馬一頭
　太一分　小作地　二町六反　畑五畝　牛一頭
三、家財道具並びに農具は半分のこと

四、許嫁は自然解消のこと（太一、竹恵二十一歳）
五、阿部太治兵衛先祖代々の位牌は太一持参のこと
　追記　戸主富太郎名義の負債未解決のもの有、後日相続人省三（当時十三歳）は限定相続をなす。
　　分家のとき鶴見孝太郎の庭園の木造稲荷様一社と柱時計一個を貰受けする」[3]。

この『小傳』の記載によって、これまで太一日記に父母と併せて度々登場していた祖父母は太治兵衛家の当主富太郎の実兄であること、また太一と竹恵とは許嫁関係にあったこと、そしてそれは太一が気にしていたように、やはり解消されたこと、である。ただし、阿部太治兵衛家で弟が戸主を継承し、実兄が傍系の位置に置かれていたことの理由は分からない。なお、ここで「小作地」の配分が決定されているが、これは元々は阿部太治兵衛（戸主富太郎）家の自作地であったものが、負債のために他人の所有になり、太治兵衛家には小作地として残ったものだろう。つまり同じ田畑を、今度は小作地として耕作することになったのである。

なお、耕作している田畑について、面積が記されているのはこの『小傳』に附記されている分割小作地が最初である。これまでは太一の農作業に応じて、例えば「新助田」とか「中道」、あるいは「七十刈」、「上田もと」などその土地の固有名詞でよばれていて、そこの反畝歩などの面積は全く記載されていなかった。これは、太一がまだ少年で「父から田の境等を聞」いて覚えるような段階だったからであろうが、毎日の作業ではほとんど面積のことは話題にもならなかったからであろう。田地の大きさについては、せいぜい「草取」を「田圃四枚」などの表現で作業の進行状況が語られているだけである。この点は、後に太一が田地の実測を試みることとの関連で注意しておきたい。

(1) 前掲『鶴見孝太郎小傳』、一二五ページ。

(2)同書、八ページ。
(3)同書、一二五〜一二六ページ。

隆耕会の実地視察

7月3日「…（前略）…雨も降らぬので、長い間の休み待ちくされてしまふというので、戸主連の方から呉れた正月である。それで、村の隆耕会の青田の実地視察をやる。い丶稲を作る技能を持ってゐる多くの人々を羨ましく思った。ほんとうに意義ある優越感に浸ってゐるのであろう。お互ひ百姓にとってはそれは一番の優越感であらねばない筈のものだ」。

7月4日「…（前略）…今日も母が向ふの家を掃子(ママ)していたら、村の女衆変なこと云ったと云って悲しんでいた。世間の体面なんかどうでもいいから、とにかく安住の地を見出すことだ。そして、生きて行くことだ。甚兵エとの屋敷の境界争ひも、いやなことだがある程度で、押し強くしなければならない。…」。

「村の隆耕会」で行った青田の実地視察に、自作の田地を失い、七月一二日の「親族の相談会」で小作として戸主になるはずの太一も参加している。つまり小作農民としてなお二町六反の田地を耕作する農家として、その家の鍬頭として、村の隆耕会には参加しているのである。しかし実地視察で見た「い丶稲」を羨ましく思う。太一はまだそこまでの「優越感」をもちうるほどの「い丶稲を作る技能」を持っていない。その意味では、一家の「戸主」として独立するとはいえ、「太一家」はまだ一人前ではないのである。他方、母が「村の女衆」からなにか「変なこと」といわれたようである。移り住んだ「徳右エ門の家」はおそらくは隣家の「甚兵エ」の屋敷との境界争いを抱えている。まだまだ「安住の地」ではないのである。

木村九兵衛、金の工面

7月27日「この日親族衆にお集りを願ひ善後策の協議をやっていただく。秋迄の小遣、その他の費用金についての金の工面である。矢馳の木村九兵エにお願いするより外にはないだろうとのこと。…今迄自分にしてはあ、したブル階級に対しての憤怒も持ってゐたのであるけれども、今では頭下げて金を借りねばならぬ有様を思ふ時、涙なしでは居られなかった…」。

7月31日「…（前略）…今日九兵エ氏よりお借りする米を持ってくる。四斗俵十二俵。まあこれあれば飯食ふことの心配はなくなったのであるが、飯米も人の世話にならねばならぬことを思ふと涙なしには居られぬ。…」。

この木村九兵衛とは、阿部太一の日記の中にたびたび登場するが、この近くの矢馳という村つまり部落の大地主である。報告者が一九八五年年に面接した際の話では、水田の所有二六〇町歩だったという。この近くでは加茂の秋野家が三二〇町だった。しかし、秋野家は回船問屋の商人地主だったが、木村家は農民出身の在村地主だった。『庄内人名辞典』によると同家は在村の大地主として乾田馬耕の普及、電気揚水機の採用、耕地整理の促進等農業開発に尽力した、とされている。[1] ともあれ、阿部太一家では、秋迄の資金として金を借りに行って、米を四斗俵一二俵借りて来たのである。「飯米も人の世話にならねばならぬ」ことを思って、「涙なしにはいられない」太一である。

(1)庄内人名辞典刊行会『新編　庄内人名辞典』一九八六年、二六〇〜二六一ページ。

なまず釣り

7月26日「今朝なまじ（ママ）十四匹釣ったとのこと。街に自転車で弟が売りに行く。百匁十六銭。合計壱円三十銭。になった由。それらの金で不自由を感じてゐる使用具を買って来てあった。…」。

「なまじ」（なまず）釣りなど、かつては子供の遊びだった。それが、この日は一四匹も釣れて、破産による移転以来不自由を感じていた生活用具を買うための貴重な収入源となっているのである。

恋心と縁談

先に見た七〜八月頃の日記では、祖父同士が兄弟という関係の竹恵との縁談が家の破産という破局の中で破談になっていたが、その後一〇月一七日には従妹との縁談が祖母の話として出てくる。当時の農家の縁談にはそういう家同士の関係によるものもあったのだろうと思う。しかし、八月一七日のお祭りの日の記事として、個人の感情としての恋が記されている。

8月17日「…（前略）…荘内神社の祭典だったので一寸気ばらしに行ってみる。…後馬共進会もあり、二つ三つの興行物もあり、市井はまさに混雑の標本だった。誰かを見出そうとする自分であった。美佐尾。着飾った街の乙女より、谷間の彼女こそ如何に美しいことか。…（中略）…今日治郎作から妹なり弟なりを若勢に貸してくれ、と云はれる。とうとう人に使はれる境遇になってしまったのである。…身売りである。主人の道具として働かねばならぬ。小作田の少ない自家ではこれだけの人はたゞ遊んで居なければならぬ。…おそかれ早かれ結婚の難問も来るだろう。愛も感ぜぬ女を義理のため結婚することの如何に悲劇を演じるもとであることよ…」。

10月17日「…（前略）…いつかはきっと（近いうちに）話出るであろうと思ってゐた僕の結婚の問題が今日祖母の口から初めて僕の耳に入った理。矢馳の家からはいろいろに世話にもなってゐるし、それに今後のこともあるんだから従妹の清女なりたつえなりを貰ったらどうだ、とのこと。従妹結婚をなるべく祖母の機げん（？）を損ぜぬ程度で否定した。だが、最後の態度に出づるのはさしひかえてゐる。いろんな方面から綜合してどうしても矢馳の家から貰ったら幸福だ、とおっしゃる。…（中略）…だが、義理のために結婚は自分は嫌だ。…」。

この後、この美佐尾についての恋心は、日記に度々登場する。しかしそれは実らなかった。昭和七年八月の記事を参照。

今年初めての小作人

9月19日「毎日の雨にはうんざりする。高前、半割を稲刈り、玉ノ井だが昨日刈ったのよりはやや劣る。だが、年貢を上げ、肥料代、その他を差引いたところで、五俵はとれることだろう。それなら飯米をとって、と勘定すると、甚だ心細い理だが、そこは小作人であり、何と云へばよいか、何とかなって行けるものだ。五畝歩一俵なり、どうしても暮らして行けるものだ、との他の小作人の話し、なにしろ今年初めての小作人だからいくらのもうけあるものやら、皆目見当のつかないものだ。…」。

9月27日「…（前略）…僅かばかりの青豆持って母街に行く。米の出る迄はなんとかかんとか露命をつながねばならぬ…」。

9月28日「お晝迄に底棒を片附けて、まあやっと今年の稲刈りは出来た。全部で三千五百九十五束、といふからまあ三千五百。この内から生まれる米百二十俵とみて、年貢米五十俵、肥料代、飯代、井戸の水代（五十円）、外にいろんなことで、秋迄待って呉れといってたのが、大したあるものだから容易なものではないだらう。飯米の残りがまあ一年の生活費であると、思ふと心細くなる。でも、そこはいつかも云った様に、なんとかして行けるものだそうな」。

太一家はこの年初めて小作人として収穫をする。品種は玉ノ井である。小作料は年貢と表現されているが、それを納めて、肥料代やその他の経費を差し引いて残り五俵という心細い計算である。しかし「何とかなって暮らして行けるものだ」という「他の小作人の話」である。そこで、数日後には、母が「僅かばかりの青豆持って」街に売りに行く。来年「米が出る迄は、なんとかかんとか露命をつながねばなら」ない、その方策である。

米券倉庫・一個の商品としての米

10月23日「昨日の米を大山倉庫に持って切符にする。自分では最もい、米のつもりのところ、四等米である。僕等の収穫の夢もこんなところでは代無し（ママ）にされてしまふ。尊い〳〵生産もここではもう一ケの商品として取り扱はれてしまってゐるのだ…。」

11月12日「イ号、これでも乾燥悪いんだろうか？ほとほと小作人の悲哀を味わった…」。

大山倉庫とは、当時の大山町に鶴岡米穀取引所が設立した支庫の一つであり、大山に鉄道の駅が開通したのを契機に大正七年に駅前に開設された庄内特有の米券倉庫であった[1]。農民が米を納入すると米券（ここでいわれている切符）が交付され、それを小作人は小作料として地主に納めるのであった。米券倉庫は、米を商品として出来るだけ高く売るのが目的だったから、納入の際の検査は厳しかった。ここで太一は、その厳しさを恨んでいるのである。

(1)「鶴岡米券取引所・附属米券倉庫要覧」を参照。

借米返済

12月27日「今日は煤はきをやった。午前は今年移転した折木村九兵エより拝借の米大山に持って行った」。

七月に移転した際、端境期の自家飯米として大地主の木村九兵衛家から借りた米を、ようやく年末に精米した中から返したのである。「大山に持って行った」とは、上に説明した大山の米券倉庫に納めて、その米券で返すように指示されたのであろう。ただし年末に精米した米には二番米も入っていたが、地主への借り米の返済として大山倉庫に入れたのは、当然一番米であり、しかも厳しい検査を通る上質の米である。

英雄の末路哀しく

9月24日「…英雄の末露（ママ）哀しく、でもあるが、鶴見孝太郎四五日前松浦医者から胃がんとのことで、新潟の大学病院に行き、切開せねばならぬ様だとのこと。今は僅かに身許保證金の五十円も役場に泣きついて借り他にも手術の時は三百円も入用だそうな。…あらゆる人に迷惑をかけて今では誰一人としてかへる見るものはない。富太郎からは何萬円も借りてゐるんだからそのついでに三百円位ひ出来そうなものと一寸思へるがその富太郎なかなか以って先日臼造りの賃銀さへ拂へず八方苦心してやっと二円いくらの金を苦面（ママ）したとのことだから当てにはならぬ。…」。

前掲『鶴見孝太郎小傳』では、「昭和五年一月廿二日　鶴見孝太郎午後八時十分　死去　五十九歳　胃癌であった」と記している[1]。しかしそれにしても、代議士までやった人が、その最後に当たって手術のための費用にさえ困るというのは、まさに太一がいうように「英雄の末路哀しく」であろう。

(1)阿部太一編著『鶴見孝太郎小傳』、一二八ページ。

年末、父母の話

12月15日「昨夜おそく矢馳の叔父がかへった後、父母の話。弟も、妹をも奉公に出そうか？と。考へて見ると生活して行けない…。すこぶる陰気な話である。おまけに弥生のところも六年で学校を退け手助けにしようか？

とも云っていた…。貧しいことは貧しいで仕方ないとしても、あゝまで陰惨な気分を多分にもってゐる父に対してはかみつきたい程の憎さを覚えた。無能な父だ」。

12月30日「永遠に僕の人生記録には特記すべき一九二九年である。今思ふと二九の文字の如何に不吉だったことか？鶴見の破産、僕の家のそれにひきつゞきの破産、徳右衛門の破産、大三郎の破産。そして移転、いたる所にだ」。

太一が書いている様に、一九二九年は「不吉」な年だった。これは太一の家にとってであるとともに、世界にとってであることは周知の通りである。それにしても、ここで太一が「一九二九年」と西暦で書いているのは、どうしてであろうか。これまで太一の日記は大正、昭和という和年号で書かれていた。各種メディアなどで世界恐慌のことが報じられていたことが関わるのだろうか。そしてとくに太一の家としては、弟や妹を奉公に出そうか、小学生の娘は学校を六年でやめさせて家の仕事を手伝わせようか、というところまで来たのである。

4　新生への道

【昭和五（一九三〇）年】

道は続く

破産という破局を迎えた後、新しい家に移り住んで、太一は「新生への序曲」と書いていたが、なかなか「新生」も簡単ではなかった。新生への道はまだまだ続くのである。

1月1日「一九二九年は実に不吉極まる年であったことよ。三十年…。なにかしらよいことのある様な感がする。…この家に移り住んでから初めての正月を向かへる（ママ）。感慨無量といふ語を用ひたいが、今そんな気もせぬ…」。

祖父との別れ

2月2日「…（前略）…今人生の果敢なさ百も承知してゐるが、なんといふ不運な現実であることよ。…枕を竝べての重大病人。情けなくなった。…うとうとまどろみかけてゐると夜中突然起された時は、祖父はもう息絶えていた。…新しい手拭を被されてゐる祖父、一生涯とり分け晩年は不幸の頂上であった祖父、そして今の今迄呻吟してゐた祖父、もうすべてが決結（ママ）した。…それにしても気懸りになるのは、祖母である。…」。

2月3日「…（前略）…今阿部家の破産は一に祖父等の無自覚から来てゐると世間でも云ひ自分でもそう思ひ

つつも、しかし今逝った祖父の骨張った手足を見るとかりそめにもそう思ったことがすまないと思う。…」。隣家鶴見家の巻き添えで破産してしまい、「不幸の頂上」にあった祖父が亡くなった。今の今迄枕を並べていた太一の心情である。「今逝った祖父の骨張った手足」を見ながら「すまないと思う」。それにしても「気懸かりなのは祖母」のことである。

けやく貰った

2月4日「…（前略）…今棺に入れてやると、祖父の使い古した煙草入れをしみじみと手に取って見た。先日迄腰に下げてゐたのである。財布にはたった七十九銭。それも正月前に鍛冶屋に頼まれて莚の下敷にするこもを編んだ金八十五銭だったが、煙草切れたとかで、僕にも別けて呉れたその煙草銭をさしひいた七十九銭である。…（中略）…村からはけやく貰った。これもいろいろと親族の衆、村方に願いやっとかなった次第」。

2月5日「昨夜村の念仏申しあり、今朝早く葬場に骨拾ひに行く。骨壺に納めて…書を焚きつぐろうそくの火影も傷ましかった。…気懸りなのは、祖母のことのみ」。

祖父が亡くなり、その「使い古した煙草入れをしみじみと手に取って」、「財布にはたった七九銭」と書く太一の悲しみが伝わってくるが、それとともに社会学的に気になるのは「村からはけやく貰った」ということばである。この「けやく」とは、おそらく村契約のことであろう。庄内地方では、さまざまな事柄に関して村寄り合いで「契約」を行っていた[1]。ここで語られているのは、内容的には、火葬、埋葬、葬式についての助力のことであろうが、しかしそれにしても、親族の人たちが「村方に願いやっとかなった」という点が気になる。破産によって、従来村の一員として存在していた阿部太治兵衛家が富太郎家と太一家とに分解した後は、村の一員としての立場は、富太郎名の家が継承していて、太一家はまだ「村」に入っていなかったのであろう。そこを親族の人たちの「願い」でようやく「けやく」にいれてもらったというのである。

(1)明治期以降の庄内地方川北の事例として、例えば、拙著『家と村の社会学――東北水稲作地方の事例研究――』御茶の水書房、二〇一二年、六七一ページ以下、を参照されたい。

恋心

2月7日「…(前略)…今思ひがけず今朝美佐尾さんが兄よりの書面を持って来て呉れる。長い間待ってゐた彼女と面と向かふことが出来た。と云ふものの、ときめく心をおさへて、丁度美佐尾さんからいたゞいた恋文の様にうれしくなってしまった。…」。

2月10日「…(前略)…今石塚長治君に歌添削したものを美佐尾さんに託して返送する。とにかく自分の書いたものを彼女が持って行くこと、思ふと一寸うれしい気もするものだ…」。

これで見ると「美佐尾さん」とは、太一の歌友達の妹のようである。この人への言及は日記にこれからも度々出てくるので、引用はこの辺りで省略しなければならない。しかしその行方はどうなったのか、気になるところである。その結末はやがて(昭和七年八月)やってくる。

青年の悩み

2月18日「…(前略)…今晩松浦君よりの来信に依れば彼は先日(八日)遺書をしたゝめて北海道に逃走し、札幌で引返へされ、昨今は外にも出でずとじこもってゐる、との意外な報に接した。あの松浦が、と思ふ程実に積極的行動に出たものだ、と一時は驚き、一時はたのもしくさへ思はれた。…」。

2月21日「…（前略）…貧と恋、そして煩悩。人生が嫌になる。松浦君が家出した心持ちがはっきり分かる様な気がする。萬難を排して住みつかねばならぬ僕等一家である。恋どころの話でもなく、歌のなんのと云って居られる所でもないけれど、その両者を否定しまふ（ママ）ことになればもう、人生はおさらばである…」。

2月28日「ジャナリストとして立って行けそうな自信（？）も心のどっかにある故か、何かの百姓としての立場の不愉快な時はその心が擡頭するから一番百姓に熱心になれないのかも知れない。…一番心苦しいのは、一人前の百姓になり切れないことだ。精神的にも実務上に於いても。結局人間は環境に支配せらる、ものであることを今更の様に深く思はれる。結婚前の精神上の不安態であるかも知れん。…」。

友人との別れは、もっと若い頃の日記にもあったが、青年期になるとこの松浦君の様に思い切った行動に出る人もいたのである。その気持ちも分かるが、「萬難を排して住みつかねばならない」、「恋どころではない」、「歌のなんの」といっていられる状態ではない太一である。「一番苦しいのは、一人前の百姓になり切れぬこと」と、文筆の途をも捨て切れない自分の中途半端さに悩みは深い。

百姓になり切ること

3月3日「雨降りなので一日俵編みをする。母と父はみのぼうしを。たとひ貧しくとも、みんなで働くところに幸福はある。たとひ時折に親父から朝起きないこと叱りとばされても。その境遇になれ切ってしまえば、一家協力の稼ぎの幸福感もさほど覚えないかもしれないが。あたり近所とも仲よくすることだ。久左エ門どんに昨日とってきた海藻を少しばかり分けてもやった。久茂君から貰った鶏、昨日から卵を生みそ（ママ）めた。これもトテモ嬉しいことに思へてならない…」。

3月7日「いくら文筆に達していても、農村にあってはそれはあまりにも無価値であるといふことを、藁加工品評会の出品受付をしながら切に思はれた。ろくろく手紙も書けない人が立派な加工品を出品してゐるといふ実事は百姓の本質を発揮したものと云ひ得よう。百姓になり切ることだ。しかして後、文筆を取るのもよかろうが。…」。

太一もまさに青年期。破産によって小作に転落した「貧」、しかし忘れられぬ「恋」、その上に文筆の途、それらの間で揺れ動く心である。しかしその中で、「ろくに手紙も書けない人が立派な加工品を出品して来る」ことを藁加工品評会で目の当たりにする。これこそ「百姓の本質の発揮」ではないか。こうして、たとえ貧しくとも「一家協力の稼ぎの幸福感」、「百姓になり切ること」、その後に「文筆をとること」と、悩み動揺していた太一の心も次第に落ち着いてくる。

田面実測

三月初めの日記に記された「百姓になり切ること」という言葉は、固い決意だったようである。この頃から、日記にあらわれる太一の行動には変化が現れてくる。まず、「田面実測」。

3月11日「この頃は美佐尾サンも見えず、寂しい気にもなる。午前、雪のあるのを幸ひに、堆肥曳きをする。…今日思ったことは、今年は是非田面実測をやらうと。…」。

3月13日「田面実測しようと午前細工で細縄を一間々々にしるしをつけて出かける。さほどでなかった雨風がとてもひどくて畑半ばにして逃げて帰る」。

3月16日「昨夕のつゞきの実測の整理をやる。歌とか雑誌とか作る気になってやれば、百姓の統計的のものは一寸の間で出来るものだが、それをなんのかんのと怠慢から今の今迄ほったらかしてゐたのである。晩迄かゝる。余程田面は殖えたが、例の不確実からくるぬか喜びにすぎないことだらうと思っている…」。

「百姓になり切ること」と決意して、先ず取り組んだのが「田面実測」だった。そしてその実測数値の整理の結果、「余程面積は殖えた」と「ぬか喜び」をしている。太一が書いた昭和五年の「作田諸事一覧表」を次に掲げるが、これがおそらく右の昭和四年の「田面実測」の結果なのであろう。たしかに「反別」欄の計「二町六反一畝二六歩」よりも「実測反別」欄の計「二町九反二畝二六歩」の方が、やや大きくなっている。ここに記されている「反別」とは、地主からの借入れ面積なのであろう。ただ、これが登記上の面積なのか、地主が自分で実測した面積なのかは分からない（ただし後に見る昭和一二年の「作田諸事一覧」によると「台帳面積」のようである）。実は庄内地方では藩政期において検地帳上の面積と実面積が乖離しており、また地租改正後も法定の面積と実面積にはしばしば乖離があって、多くの地主は自ら実測して田地の面積を確認していたようである[1]。地主が自分の所有地を測量してその面積を確認したのは、自分の財産だからよく理解できるが、太一は小作農であって、耕作している土地は他人が所有する借り入れ地である。その面積を何故実測したのか。耕作のためとしか考えようがない。つまり「百姓」のためである。とくに施肥の問題が大きな関心だったのではないかと思う。昨年の春、困窮のために肥料を充分に施用できなくなり、農事講話に出席することも苦痛になったと述べていたことを思い起こすと、再び訪れた春に、肥料設計など今年の営農計画との関連で、田地の面積を確認しようと思ったと推測しても無理は無いであろう。太一が小作地ながら田二町六反（実測では二町九反）、畑五畝の名義人になったのを機会にそれらの田地の経営主として、その耕作への取り組みが本格的になってきているように感じられる。しかも、次に紹介する三月一八日の日記に記されている父親の態度が、「田面実測さえつまらんものと思ってる」とされている点に注意したい。先に見た大正一二年六月八日の日記に田植について「午後は土屋（二百刈）及び嘉三の後をして民治の脇にうつるつもり…」とあったが、藩政期以来庄内の農民の間では田地の大きさは刈束数で表現することが一般的であり、毎日の農作業のなかで反畝という面積を意識することはあまりなかったように見える。そのような慣行に基づいて、太一の一代前の経営担当者であった父親は「田面実測」

表-1　作田諸事一覧表（昭和5年3月調べ）[1]

字名	俗称	地番	反別		実測反別		渡口			忘備録
			畝	歩	畝	歩	石			
西木村	荒田	81	22	29	26	29	2	30	豊田	2石6斗（2升増え更に1斗）
〃	高前	21	46	02	46	02	4	50	武藤	4石6斗01合
〃	高前半割	22	20	14	20	14	この二口		大滝	3石8斗7升4合
東木村	大山割	49	13	4	13	03	3	36		(2斗はスミ揚水ヒ7升4合ニ)
〃	〃	50	34	13	34	13	3	25	柳田	
興屋	そくぼ	20	31	24	33	27	3	25	同	
	高畑		25	00位			2	25	木村	
	〃		22	28	21	05	2	04	大山	
	鍋立	39	2	08						
	〃	40		18						
金光寺		64	3	15						
西野	役場後		6	09						
東京田	洞谷堰向		3	14						
〃	洞谷	20	2	03						
〃	〃	21	4	16	以上八口		以上八口		以上八口	
〃	〃	26	2	06	33	14	3	00	柳田	柳田全部は9石5斗7升6合
〃	〃	23	9	23			1	085	この二口	
〃	〃	24	8	11			0	93	堀田	計2,015
西野	大山堰ハタ		2	00位	1	18				
計			261	26	292	26	25	975		
西京田	久左衛門		54	00			大石3斗			この他に大滝の分嘉兵エの後3畝歩は富太郎作ってゐる。実納26石9斗6升5合 完納26石6斗5升5合

(1)阿部太一資料「田面実測」昭和十三年増訂、という文書綴りに含まれている表による。たただし、原資料は縦書き、数字は漢字で書かれているが、この表は、横書き、算用数字で表記した。また、理解の便のために、若干の記載の削除、あるいは加筆を行っている。

に、ということはつまり自分が耕作する田地の正確な面積に、大きな関心をもっていなかったのであって、こうして太一は、少年時代以来稲作を学んできた父親をこえて新たな水準に自ら歩みいろうとしていたのである。

もう一点、表中「渡口」という欄があることに注意されたい。これは藩政期以来「俵田渡口米（ひょうだわたりぐちまい）」といわれて来た庄内独自の用語なのであるが、江戸時代後期の「郷土史家」といわれる安倍親任は、「田地渡口米ト唱ルハ古来（実は古来からではないが）民間実地ノ上ノ定ニテ田地モ小作人モ相当ノ中位ニテ天然ニ生シタル割合ナレハ今更一村一場所申合ナトニテ勝手ニ改ムル事ナラヌモノ也」[2]と書いている。そのような、田地の大きさを米量で示している数字なのである。これについては、研究者の間で、小作農民の取り分を除いた生産物の一部である小作米高とする理解と、そうではなく生産物の総量を表しているとする解釈とが、対立してきた。前者は、地元の歴史家などの研究者達が理解してきた認識[3]であるのに対して、後者は、地主制の歴史的淵源に遡って検討した旧農林省農業総研の研究者たちの主張[4]であるが、残念ながら著者はこの論争に自ら決着をつけるほどの歴史的実証的な検討を行っていないので、これまで態度を保留してきた。[5] しかし、ここで阿部太一が書いている「渡口」とは、昭和の時代であり、生産物の一部としての小作米高の表示と理解して誤りは無いであろう。太一が借りていた田地の「渡口」を総計すると「二十五石九斗七升五合」になるが、これは「一村一場所申合ナトニテ勝手ニ改ムル事ナラヌ」数字であり、それぞれの田地に刻印された小作米の高である。しかし地主と小作人が具体的に相対して、話を取り決める時には「古来」の定めとは異なって、地主、小作人双方の事情で、多くの場合は地主側の優位の条件の下で、さまざまに数字が定められることになったろう。太一の表を見ると、例えば地主豊田が所有する「西木村荒田」の「二反二畝二十九歩」（太一の実測では「二反六畝二十九歩」）の田地は「古来」の定めとしての「渡口」では「二石三斗〇升」であるが、太一と豊田某との間では「二石六斗」と取り決められたようである。同様にして太一が地主七人から借りた田地「二町六反一畝二十六歩」についてその「渡口」を総計すると、「二十五石九斗七升五合」になるが、それぞれの地主との折衝で決められた小作料の総計は「二十六石九斗六升五合」だったようである。これが「実納」しなければならない小作料の総額である。それに対し「二十六石六斗五升五合」を「完納」した、と書いてある。三斗の差はどうなったのか。地主誰かとの折衝でこの分は安くして貰えたのであろうか。あるいはこの年の借りか。地主と小作人との間の小作料の関係とはこのような複雑なものだったのである。例えば地主大滝との関係で「用水ヒ七升四合二」との記載があるが、その他さまざまな条件を互いにぶつけあって、具体的な小作料の高が決まっていったのであろう。

(1)しかし先に刊行した拙著『庄内稲作の歴史社会学』(二〇一五年)においては、「地主が、売譲りないし質入れされた土地を、その面積によってではなく、『俵田渡口米』高という、その土地から収穫または収取可能と見られる米量によって表示をおこなっていた」(七三、一七九〜一八一ページ)としていた。この点に関連して、元鶴岡市郷土資料館の秋保良および元農業総合研究所の大場正己から、本間家を始め庄内の地主はその所有地に実測を行って、面積を把握し表示していた旨の指摘を頂いた。とくに秋保からは、実測図のコピーを添えて教示を頂いている。この点の筆者の誤りについては、指摘を下さった両氏に感謝申し上げるとともに、この場を借りて訂正しておきたい。

(2)安倍親任『胡蝶の道草』、鶴岡市郷土資料館所蔵資料。

(3)本間勝喜『庄内近世史の研究』第一巻、丸山印刷、一九八八年。

(4)大場正己『本間家の俵田渡口米制の実証分析――地代形態の推転――』御茶の水書房、一九八五年。磯辺俊彦「『豊原土地』編成の検討――小農的土地所有の変質過程――」、豊原研究会編『豊原村――人と土地の歴史――』東京大学出版会、一九七八年。

(5)前掲拙著『庄内稲作の歴史社会学――手記と語りの記録――』、七二ページ。

温床を作る

3月18日「秣切りに行こうかと用意してゐるうち、ふと茄子の種子をふせねばと思ひ、簡単な温床をこしらへるつもりで、日当りのよいところを選び土を掘る。掘りながら思ったことには、どうせ温床やるつもりなら人並の常規の方法でやって見ようと云ふことになり、母とも相談して、そのことにしてしまった。…とかくしてゐるうちにあんなにいい天気がとうとう雪になってしまった。…晩迄やっとのこと後の喜代治君から手傳ってもらひ出来上がった。初めのこと故いくら聞いても実地にやって見ねば分からぬものと痛感した。…それはいゝけれどもそろばんとって全部を計算して見たならば、利益なんかあるかどうかって疑はれさへする。ここに親父の気乗のせぬ根拠があるし耕作畑の狭いのも多分ある。…しかし親父の云ふ様に温床も駄目、養鶏も駄目、おまけに田面実測さへつまらんものと思ってるんだから、何とも仕様ない。親父はすべてが消極的である。よく百姓やっていると思はれさえする。百姓程山師的な職業は外にあるまい。天を相手だから全く持(ママ)っての山師だ。これは屁理くつにすぎないが。…一家の戸主としてそうそう打算的に考へてゐた日には大きな仕事なんかはやれない人間になってしまふ…」。

3月19日「昨日まる一日を全力を出して、やっとこさ出来上がった温床のことにつき、親父とかなりの争論をやる。実のところよほどの考察と老練さとがなければ、温床なんてものは、ソロバンにあはない。…百姓のことならどちらに向かって見ても、□(不明)糞程の自信を持ち合わせわせてゐない自分であれば、村でよくいふ背病（せやみ）もの、との一部からの非難はまぬがれない。人後にやることは、よく云へば安心してもうけを見られると云ふことにはなるけれど、その時になってはすでにおそく利得の歩合にも少ないことは勿論である。こんなわけで親父は極力反体(ママ)であった。出来上がるには出来上がったけれどあれやこれやで、とりこはしにさへかゝた。でも折角出来たもの故地温計なり□□(不明)なりは父に窗(ママ)内で買ってやるからとにかくやって見ろと母も切に云ふ故やることにした。…」。

太一は「一家の戸主」として新しい営農の道に踏み出そうとしている。母とも相談して、「温床」を作ったのである。初めは「茄子の種子をふせねば」と思って「簡単な温床」をこしらえるつもりだった。ここまではおそらく、これまで家で自家用畑に野菜を植えるのに毎年やって来たのと同じ方法だったのであろう。しかし「掘りながら」太一は、どうせ作るなら「人並みの常規の方法」でやって見ようと思った。つまり、「簡単な温床」ではなく、もっと本格的な温床をつくって見ようと思ったのである。この日が、太一が「一家の戸主」として自分の思いで新しい方向を目指そうとした最初の試みだったのではないか。それに対して、母は協力してくれているようだが、父親は懐疑的である。太一がやろうと思う「温床も駄目、養鶏も駄目、田面実測さへつまらん」という態度である。これに対して太一は、あまりに「消極的」、「打算的」と考えている。そして「百姓程打算的な職業は他にあるまい」とのべているが、この

「打算的」とは、「天」つまり天気や気候など自然を相手にするという意味であって、むろん経済的な損得勘定でうまく立ち回るという意味ではないだろう。「一家の戸主として」以下の文章は、天気や気候を気にして慎重に慎重に振る舞うだけでは、大きな仕事は出来ないと、「消極的」、「打算的」な父親を批判しているのである。

温床失敗

3月22日　「温床は今日でまる三日になるけれど、ちっとも温度は上がらない。冷床である。久左エ門のも出来損なったとかである。差引きして見たらソロバンに合はないことは論をまたない位ひ明白なことだ。…」。

3月23日　「…（前略）…晝頃佐藤技手温床の検分に来る。トント温度のぼらず、一笑に附されてしまった。…駄目だとは自分も思ってたのではあるが、あきらかに温床以外の侮蔑を受けた。何もかも貧乏故とあきらめるより他にはないのだけれど。…とにかく温床は正に失敗してしまった。入費そのものよりも一ケの百姓として立って行けない自分を悲しむ。…」。

太一が試みた温床はうまく行かなかったようである。一九日の日記にあったように、父親はどうしても反対で取り壊そうとしたりもする。そこに太一は、小部落で大きな世界を知らず、村仲間のいうことに無批判に従う「群集心理」を見ている。しかし母親はそっと地温計を買ってやるといってくれる。「佐藤技手」には冷笑されて、「何もかも貧乏故」というひがみの心が出てきたりもする。「一個の百姓として立って行けない自分を悲しむ」太一である。

弟博の就職

2月30日　「博の就職のことにつき、地主範士先生のもとに赴く。…」。

3月24日　「…（前略）…博の就職のことで受持の先生（地主）から、函館よりの手紙を、人傳てに今日頂いた。

月給なら十円であるが、着せてなら五円とのこと。何をするにも本人のことだが、一体つとまるか、どうか、と疑われる点あり、甚だ心配である。でも十七にもなれば世の中で出れば相当にもまれてゐる頃だからとにかくやるつもりだ。…」。

3月30日「弟と昼頃迄荒田で肥えまきをしたが、博に先生からの便りあり、すぐ来いとのことでさっそく走る。函館で大至急来てくれとのこと。…」。

4月1日「…（前略）…弟いよいよ明日函館に行くことになり、その準備をさく怠りなしの状景。…何かと注意をあたへ博もさぞかしその何割かは忘れてゐることであろう。でも、耕作田面はなし、次男であって見ればおそかれ早かれ獨立せねばならぬから、と一心、そう決めた心を思ふと可憐の情が湧くのを覚える」。

9月9日「函館の弟博より大枚二十円の為替がとゞいた。この大不況に二十円では、旱天慈雨の想いである。弟の汗の結晶の金である」。

博の就職のために頼った「地主範士先生」とは、庄内各地の小学校の教師を歴任した後、神職として荘内神社の宮司等になった郷土史家である。[1] その斡旋のおかげで函館に口が見つかった。これまでいっしょに家の農作業をやって来た弟だが、小作でしかも経営規模もそれほど大きくはないので、「次男であって見れば独立せねばならない」という運命に、太一も「可憐」の情ひとしおである。都会に出て就職するのはまだまだ困難であり、「家」を出ることには、いろいろと寂しさ、侘しさがつきまとっていた時代だったのである。その後、博からは送金があり、太一は「旱天の慈雨」と感謝している。都市に就職した次三男も、「家」の経済を支えることを意識しながら働いていたのである。

(1)庄内人名辞典刊行会編『新編庄内人名辞典』庄内人名辞典刊行会、一九八六年、三七一ページ。

村に入っていない

4月13日「村のお祭りである。村中に入ってゐない関係上当屋には招かれない。別にそう大したことにも思ってゐないのだが、たゞ村に入ってないと云ふことがあるひけ目を多分に持つ。このことについて昨夜も話してゐたが、嫁を貰ふにしても、村に入ってゐないといふことなれば甚だ具合が悪いと云ふ母の言葉だし、父はそんなことはなんでもなく費用もかゝらずかへって好都合である、なんて云ってゐた。おそかれ早かれその連中には入らねばならぬのだが、今の分では村の都合でまだ入れて貰はずにゐる。そんな理で書迄排水たてをやり、午後は四面の空気がやはりお祭り気分にして呉れた。……」。

太一は阿部太治兵衛家から分離して一軒の独立した家を作ったわけだが、一般の分家のように「本家」から家産の分与を受けて一軒前の家として創設されたのではなく、太治兵衛家の破産という事態に直面して、そこから独立して小作人として自分の経営を持ち、これも破綻した徳右エ門という家の「廃家」に住むことにして一戸の家となったので、村の一員として正式に承認されることないままだった。そのために二月に祖父が亡くなった時も、「親族衆」が「村方に願い」してなんとか「けやく貰った」のであった。その後も、「村方に入っていない」状態が続いていたのであろう。そのため、村の祭りでも「当屋」から招かれることはない。母の言葉では婚礼などには大変不便だということだが、太一や父親はあまり気にしていないようである。

ここで「当屋」といわれているのは、村つまり部落の持ち回りの「神宿」のことである。川北の事例になるが、かつて平成二一（二〇〇九）年に旧北平田村の牧曽根部落（現酒田市）で聴取したところでは、村社は八幡神社であるが、そのご神体を神棚に祀って奉侍する「神宿（じんじゅく）」は、一年間勤め終わると「当屋（とうや）渡し」といって、交代する。部落六〇戸を五班に分けその中の輪番制である、とのことだった(1)。

(1)二〇〇九年の著者の調査ノートによる。その具体的な様子は、牧曽根自治会『牧曽根の歩み』二〇一一年、七六ページ、掲載の写真に見ることができる。白山林の場合も、多少の相違はあっても、基本的に類似していよう。

温床再挑戦

4月27日「朝っから温床にかゝる。土運びに九時頃迄、その後晝にも早かったので蓋作りする。…それでも実のところは、莫蓙を作りそれを売ってやっと小遣銭をどうにか間に合わせてゐたのであるが、どうにもならなくなると、虎の子の米を売らねばならんのである。…」。

4月28日「…（前略）…午前高前で乾田たゝきをしながら親父と果樹園を造られる様だったらどんなにかうれしいことだらうと話をしながらやる。…それをやる土地ないのであるからどうにもならない理だ。…」。

四月になると、改めて「温床」の記事が出てくる。詳しいことは判らないが、暖かくなったので、再挑戦したのであろう。今度は、父親もあまり小言をいわなかったようで、「果樹園を作れたらどんなにうれしいことだろう」などと話し合っている。しかしそのための土地がないのである。

阿部家を建つるものは自分だ

5月7日「…（前略）…午後向ふの家で縄なひをする。どうも二十三年と云ふものここで育って来た自分のほんとうの家であって見れば、いかに他人の家であるんだと思ってもそれは無理であった…（前略）…順長（ママ）に行けば正しく自分らはあの家に住まねばならぬ血統であるのに、富太郎の愚鈍さから破産してしまった現今、そうした渦中からとび出して新たな道を開いた自分たち父子であった。これを想へば一脈の力強いものがあり、阿部家を建つるものは自分であると強く強く思はれた。…」。

5月9日「施肥をする。百姓のもっとも資本とする肥料ではある。毎年除草の二番時になると父は肥料不足の立毛のざまを見て嘆息するのである。毎年のことであった。その都度肥料位ひ自分の思ひ通りにされたらと口くせの様に云ってゐるのだ。しかし…今の境遇になった現在どれもこれもよい様にはならんものだとつくづく思はせられて。とにかく今年は思ひ通りの金肥を施すことができた。…」。

ここで「向こうの家」といっているのは、太一がこれまで生活していた阿部太治兵衛家である。久しぶりのその家に行って、縄ないをしていろいろと思い起こすことがあったのであろう。その破産という破局から「新たな道を」開いた今、なお困難は続くなか、「阿部家を建つるものは自分である」との決意を新たにしている。春の施肥もなんとか「思い通りの金肥」を施すことが出来て、ほっとした心境だったのであろう。

水戸守の相談

6月13日「村の早苗振舞である。朝水戸守の相談があるそうで、橋のたもとに集まる。昨今中川の方（渡前村）に通し水やったとかでこちらの水は半減しそれで山田の方でも高上げするにつき揚水機休んで呉との相談。どちらも理屈のあることでそれは年長者に一任することだ。一体に水掛に難儀すればいろいろのずるいことをするもので倉次の八沢かゝりに土水をみな破ってかけたとかでかなりげっ昂している。懲罰委員会と云ふものも立ち交渉するとのこと、結局は本村の規約にしたがへば酒三樽鰊一束なそうな。鰊一束は多分に笑はせらる。我田引水とは昔っからの通り相場なもので夕立でもさっとかゝったらどんな面倒な規約も解けてしまふものだ。待つのは雨のみ…。一体に水引程人の心の露骨なるものはない。かう迄するのも生きんがためである。いくら有難い佛様でも衆生の水引きに迄は効果はない…」。

近くの村つまり部落との間の水利に関する紛争で「水戸守（みともり）」の相談が行われた。紛争の具体的内容は分らないが、太一は比較的冷静で、処分を受ける方から提出されるきまりの「酒三樽鰊一束」の「鰊一束」に「笑わせられる」と書いている。それはともかく、ここで注目したいのは、四月の日記で「村に入っていない」ので村祭りに当屋から呼ばれないといっていたのに、しかし水戸守の「相談」には参加していることである。庄内で「水戸守」というのは、その家の水管理の責任者のことである。[1] 一般に戸主ではなく、もっと若く稲作の現場の責任者を務める「鍬頭」がその任に当たることが多かったようである。太一は太治兵衛家からの分離を契機に、戸主になっていたが、まだ若く鍬頭として水管理を担当しており「水戸守」の相談会に呼ばれたのであろう。このように、村あるいは部落の協議、契約、共同といっても、さまざまな契機毎に、しかるべきメンバーで行われているのである。太一の家は、元は自作農で自分の田地を耕作していて、その田の水利は太一が行い水戸守の会合にも出席していた。小作になったからといって、水利用が不要にわけではない。だから、元通りに水戸守の会合には呼ばれるのである。祭りは太一が欠けても困らないが、水利について各戸から一人づつ責任者が出席する水戸守の会合には出てもらわないと困る。このように、村あるいは部落の協議組織とは、それぞれの契機毎の必要に応じて集会するのであり、なにか有力者が支配する専断的なものと考えると認識を誤ると思う。

(1) 拙著『家と村の社会学――東北水稲作地方の事例研究――』御茶の水書房、二〇一二年、三五四～三五八ページを参照されたい。

弟安吉奉公に

12月13日　「この頃たまってゐる二番米のうらひきをやって、五俵と、他に二番米を集めて三俵、都合八俵あった。これは飯米となる理だ。…（中略）…弟は明日荒町の村山宅に行くことになった。寂しい気がしてならん。博は北海道に行き、祖父は死し、安吉は右の様で家人は七人しかゐなくなるわけだ。自分の心は冬の様に寂しさで一ぱいである。…」。

弟博は北海道に就職して家を出たが、今度は上の弟安吉が、鶴岡の荒町に奉公に出ることになった。その寂しさを太一は日記に書いている。家は、「二番米のうらひき」をやって、自家飯米を捻出している。豊かだった自作農の時代ならば、こんなことはしなくて済んだはずだった。弟も、もっとゆとりを持って家に居て、生き方を探すことが出来たのだろうが。この数日後、年末の日記に—

12月23日 「一日庭仕事。もう稲はなくなった。それだ(な)のに座敷には米は一向ないのだ。この米で一年を切りぬいて行かねばならぬことを思ふと、一体どうすればよいのかと思ふ…」。

「もう座敷には米はない」とあり、これでみても安吉の奉公はかなり切羽詰まってのことだったのであろう。それが、弟との別れを一入寂しくしているのである。なおここで「座敷」とされているのは、再出発した太一の家には蔵がなく、座敷に米俵を積んでいるからである。

【昭和六(一九三一)年】

村入りの条件

2月8日 「村の初寄合で、僕の家で新たに村に入れて貰ふことにつき、来記、藤左エ門、区長といろいろ心配して呉れた。何でも先には村より生まれた人は、酒一樽で加入されたそうだが、今回からは二十円を出金せねば加入出来ぬとのこと。村の唯一の財産である白山神社の田地あるんだから。世の中はなかなか面倒なものだ。…」。

昭和六年に入って、村つまり部落の初寄合で太一の家の村入りが検討されようである。近い関係の人々や区長などが努力してくれたようだが、昔のように酒一樽というわけには行かず、金二十円を提出しなければならないということになったようである。その理由は、部落の共有財産の神社名義の田地に参加するのだから、ということだった。太一は不満そうだが、こういう理由で村入りに一定金額を必要とする部落は必ずしも少なくない。[1] この条件を太一家は満たすことが出来なかったのか、この時は直ちに村入りとはならなかったようで、村入りと日記に記されるのは、もっと後、昭和一一年二月のことである。なお、日記に時々登場する「来記」とは鶴見姓で、破産した鶴見孝太郎の本家のようである。[2]

(1) 前掲拙著『家と村の社会学――東北水稲作地方の事例研究――』御茶の水書房、二〇一二年、一〇七～一〇八ページ、を参照されたい。
(2) 阿部太一『鶴見孝太郎小傳』鶴見孝太郎「孫の会」、一九七九年、一四四ページ。

政府買上米・拂下米

「昭和恐慌」下で米価は下落する。その中で凶作が農村を襲う。全国レベルで米価の底は昭和六年で、石当り一八円五九銭、昭和七年はやや回復したが石当り二一円二三銭だった。[1] 他方、大泉村の米反収は昭和四、五年に二石三斗の水準を越えていたのが、昭和六年に一石八斗八升余、昭和七年には一石九斗二升余という凶作である。[2] 農民生活を困窮が襲う。

2月20日「…（前略）…今晩は、政府第二次買上米のこと、拂下米のことにつき寄合あるので父の代理に行く。第一回目は申込高の案分をやったので（それもやや半分位は可能だった）第二回はそのことを知ってゐるので、ありもしない米を申込んでゐるんだから太郎左エ門ならざるも呆れてしまった。奮ってゐるものは、三之丞の七十五石、八右エ門の四十石、等。白山がこんなに豊かなのならまことに喜ばしい。これだったら矢馳の木村さんに米を貸して呉れと云ふには及ばない。皆さん失礼だがそんなに米があるのか？と太郎左エ門につきつめられて恐々本音を吐く面々。正に面白い場面であった。で、結局耕作反別に應ずることにし、私の四俵、一番終ひに六俵余ったが、大泉村―二千二百六十俵―白山―二百七十六俵、それは小前の衆に、と云ふ理で私もその一人に入ったわけ、つまり五俵である。拂下米は十五俵を申込む。これは申込むだけは可能性確実なもの…」。

これらの記事の内容について具体的なことは分からない。しかし、おそらく恐慌下での米価安定策としての、政府の米買上、拂下に対する村レベルでの対応の姿であろう。ありもしない米を申し込むなど、いかにも農民行動の悲喜劇である。[3] なおここでも、「村に入っていない」はずの太一家が協議に参加していることに注意したい。

(1)井上晴丸「農業恐慌から戦争経済下の農業へ」、農業発達史調査会編『日本農業発達史』（改訂版）8、中央公論社、一九五六年、一六ページ。
(2)山形県「山形縣における米作統計」二〇ページ。
(3)この点についての「経営史」の観点からのコメントとして、田崎宣義「小作農家の経営史的分析――一九三一・三〜一九三六・二――」、一橋大学研究年報『社会学研究』21、一九八二年、一九九ページ、を参照されたい。

この後、三月一二日に母が「目出度く女子出産」し、三月一四日には祖母病没と太一の家族の変動があったが、引用は割愛しておきたい。

農林省農家経営調査

太一は、昭和六年の春から郡農会を通じて農林省「農家経営調査」の依頼を受け、引き受けることになった。そのため、この頃から、日記の記載は毎日の農作業や農家経営に関する事項が詳細になる。先に紹介した田崎宣義の諸論文は、この農林省調査のために太一が記録した資料に基づいて、一九三一～四五年までの太一の経営を分析したものである。したがって、太一家の経営分析としてはこれらの論文が詳細であり、著者のこの研究もこれら田崎論文に依拠することと大であるが、社会学的観点と農業経営学の観点は自ずと異なるところがあるので、以下もこれまでと基本的に同じ記述方法によって継続することにしよう。

3月27日「原田先生が見えたとのことなので、早速行って見たら、農林省直かつの農家経営調査の件についてであった。…報告書を農林省（郡農会）で出して、向ふから調査簿、正副二冊配布になるんだそうな。…」。

4月2日「…（前略）…農林省の調査簿来る迄は萬事手ぬかりなく記入しておかねばならぬ」。

この年の村税申告書には「二町三反三畝六歩」とされているが、この数字は、太一が太治兵衛家から別れる時の「小作地　二町六反」よりやや小さい。その理由は分からない。村税申告書だからか。先に見た昭和五年の「作田諸事一覧表」では、実測反別は計二町九反二畝余だった。

結婚をめぐる心の葛藤

4月27日「…（前略）…自分は初めは従妹夫婦なんてことは全然考へてゐないのであるが、逝□（不明）祖母や父やそれに親族衆も嫁は矢馳から貰はねばなるまいともう決めてしまってゐるのだ。そしてをかしいことには自分は一言も清女は嫌で辰恵がよい、とは云はぬのに、そう云ってゐると母は云ふ。つまり母の独断で（実のところ清女は嫌であるが）妹がよいと決めてしまってゐるのだ。自分は無関係である。美佐尾を見れば、彼女でなければ生甲斐がない様にも感じられるし、考へて見ればとにかく矢馳から貰へば物質的には幸福の様にも思はれる。つまるところ、もう二三年はみっちり勉強することだ」。

5月8日「矢馳の辰恵赤飯持って来て呉れる。ハキハキしたもの、云ひ方なんかで一寸好感を持てた…」。

矢馳の名はこれまでも日記に何回か登場しているが、「矢馳の叔父」が阿部家の破産に際して親族会議を召集したりしており、太一にとってかなり近い関係の親族であろう。叔父というから父の兄弟か母の兄弟か。だから、清女、辰恵といわれているのは、その娘である。太一家の窮状を考えて、亡くなった祖母、そして母も、そのどちらかと結婚したらいいと思っているのである。しかし以前から心の中で恋い慕っているのは、友人の妹の美佐尾である。この心の葛藤はしばらく続く。日記にもこの件はこれからも登場するが、あまりくり返し紹介することは避けたい。

この時期、山菜採りの季節である。独活取り、うるい取り、蕨取りなどの記述が連日である。

社会制度に一大欠陥

5月21日「…（前略）……今晩学校に研究会の月例集会案内状を印刷するに行く。新聞に共産黨の大検挙の記事あり。プロ派の作家七八名起訴されたとあり、何が彼等をしてかくならしめたか？何と云っても現今の社会制度に一大欠陥があるのは、争はれぬ事実だ。吠へろ共産黨！！」。

昭和六年、「昭和恐慌」の最中である。労働運動を始めさまざまな社会運動が昂揚する。太一の日記にも「吠えろ共産黨」などと、治安維持法下で官憲に知られたらただでは済まないような記事も登場している。[1] そのような状況の中で、太一達は「研究会」を計画する。

(1)昭和恐慌期の農村、農業に就いては、前掲、井上晴丸「農業恐慌から戦時経済下の農業へ」、『日本農業発達史』8（改訂版）、一一ページ以下、を参照されたい。

研究会の月例集会

5月23日「今夜研究会の月例集会で、会するもの四名、あまりに情けない集りであるが（甚一郎、久茂、長吉、太一）、決議することは
一、八月中旬岡本利吉先生の来鶴、農村自治大学開催に際し出張講演を乞ふ。
二、会員有志東田川郡大和村信用購買組合を五月廿五日視察を協議す。
三、大泉村文化研究会躍進の為従来の方針を更新す。
一、年四季に分ち宣伝新聞紙を発行、有志に無料配布す。
二、図書購入ヒを月十銭に決定す。
三、購入書籍は純真社出版部に限る。
5月24日「…今日の午後星川先生のところで研究会の委員会するのだが、父に迎へに行ったりしたのでとても行けない」。

この「大泉村文化研究会」とは、詳しいことは説明がないので判らない。しかしともかく太一の研究熱心に賛同する友人がいて、村の中で研究会を始めたのであろう。ここでいわれている星川先生とは、鶴岡の医師であり、多方面にわたって活躍した文化人の星川清躬（ほしかわきよみ）のことであろう。この人は明治二九年生まれ、自宅で医業を開業するかたわら、詩や音楽など、多方面にわたる文化活動を行ったが、昭和三年から、折から襲った昭和恐慌の下での農村の悲惨な状況に対して、岡本利吉の主張に共鳴して、「協働村落文化研究会」を組織して機関誌「協働村落」を発行した。この運動には今野忠治、小林徳一等とともに、阿部太一も参加したようで、[1]「大泉村文化研究会」は、この運動を太一が住む大泉村で行おうとする研究会だったのであろう。なお、星川の活動は、やがて「危険思想」と見られるようになって、「特高の目が身辺に光っていた」といわれているが、後に見るように、近くの村の地主木村九兵衛から、太一の親族が警告を受けたりもする。

(1)鶴岡百年の人物刊行会編『鶴岡百年の人物』上、鶴岡百年の人物刊行会、一九七一年、四三〜四四ページ。なお、星川清躬については、参考文献としては手に入りにくいかもしれないが、阿部太一「詩人・医師星川清躬の生涯」、昭和五五年度山形県民芸術祭文学祭『やまがた文学の流れを探るⅣ――黎明期の詩人――』が詳しい。

連枝への視察

5月25日　「…（前略）…大和の信用購買利用組合と連枝の富樫直太郎氏の麦の二毛作を視察すべく、雨を冒して六時に出発する。同行十二三人…。麦の二毛作の話…。岡本先生よりも紹介されて（農村問題総解決に）なる様にバラック式の、そして新案の堆肥舎や馬も自分の家にして飼育したと云ふ。仔馬が元気にしてゐるし、更に豚舎にはまるまると太った豚三頭、鶏舎には百羽近い成鶏とやはり百羽のひなとが行きとどいた管理のもとぐんぐん成長してゐる…いかにも元気溌剌とした健康な管理振りには大いに刺激される。…回れ右をして麦の二毛作を見る。一望淡緑色の波、波、麦の穂波。五反歩の麦はもう十日もたてば刈りとられると云ふ。僕は全く農村はかくあらねばならぬことを痛感する。とりわけ耕作反別の不足な自分には。土地の最有効は二毛作である。本作の稲には、いささかの弊害もなく、昨年なんかはかへって早く田植をし、作なんかも反当三石一斗位もあったとのこと。かくあらねばならぬ。昨年は反当二石六斗もあった由。一時もあやってる（?）といふから五十俵位の麦を自給自足とはいえ、それをどの方法に依るか?とおきゝしたら、それは鶏に大半をやり、馬と人と豚にいく分を一年中のことにして見ればそんな消費方法は心配ないといふ。成程である。…そして二毛作と云ふものはその生産費を貨幣にかへる時あまり効果ないのであるが、それを最有効に家畜に利用するとき莫大なる利潤が生ずるのである。そうすればいくら麦は安くてもかまはぬことだ。二毛作の立脚点はなんとしても自給自足でなければならぬ。…自給自足に依る時初めてロチデールの渦巻型の原則にしたがふことが出来るのだ。循環的に麦は鶏に、豚には麦幹を、鶏糞は二毛作に施用すれば全く良い理だ。富樫氏と組合に出かける。一寸話をおききしようと思って行ったのであるが、小林徳一氏が是非上がれといふ。で、お邪魔をする。組合創立以来約二十五周年を迎えたとのこと。組合論になり事務を執っていた係りの方々もいろいろとうちくだいた実際的の組合方法論を説いて下さった。先ず信用からか？消費からか？しかし信用と購買とはかけ離れることのできないことだから信用購買は先ず第一歩であろう。…既成戸主連はもう駄目であるが、期待するものはお前達若い者の躍進に依らなければならないことを説かれた。この組合も今の組合長が廿三歳の時に興したのである。実證だからお前達はこれからやらなければならんぞ、と云ふ。村の財政を一手に握っており、所謂農民のための銀行をも加味してゐるのだ。購買部は小林氏の受持ちで、全購連の出資金は四千円であると云ふ。久美愛石けん、全購連マークのついた自転車。お菓子も組合製の菓子である。話はつきないけれど、時間もないので後日を期して別れたのは一時半、一路鶴岡、途上庄内分場の紫雲英試験を一見する」。

太一達が始めた研究会で、計画通り大和村連枝（れんし）（後余目町、現庄内町）に視察に行った。そこで富樫直太郎に面会して、麦の二毛作の話、またそれを活用した畜産や養鶏の話等を聞いて大いに勉強になり感動した。その後、部落で設立していた協同組合を見学して、ここでも、その中心人物小林徳一と組合職員から協同組合の原理を学び、期待するのは「お前達若い者の躍進」だと励まされたのである。この連枝とは、近在の沢新田とともに、かつて最上川の支流立矢沢（たちやざわ）川流域に住んでいた人々が、相継ぐ川欠けに苦しめられたために寛永期、次いで寛文期に新天地を最上川本流沿岸の草地を開発して入植して作った村である[1]。そのような歴史が関わるのかどうかは判らないが、近代になってからもまことに興味ある試みを行った部落であり、昭和三（一九二八）年に「興邑社」という共同化組織を結成し、その後昭和七（一九三二）年には、最上川沿岸に鶴見孝太郎が作った鶴見農場の跡地を取得して共同耕作を行うなどしていた。その時の中心人物が、富樫直太郎であり、また小林徳一だったのである[2]。先に見たように小林徳一は星川清躬のグループに入っていたのでその関係で太一達の研究会がこの地を訪問したのであろう。なお、このあたりは戦後になって、水田単作が一般的な庄内では珍しい花卉栽培で知られている。(3)

(1)沢新田・連枝部落史編集委員会『七つの里 沢新田・連枝部落史』沢新田・連枝部落会、一九九九年、三ページ以下、を参照。
(2)沢新田・連枝部落史編集委員会、前掲書、三四ページ以下。
(3)連枝の花作りについては、その中心人物小林金市が一九九五年に、庄内の農業雑誌『農村通信』で、「庄内の花とともに」と題する回顧連載記事を書いているが、その毎回の表題がそのまま庄内の花卉生産の軌跡を物語っているので、以下に紹介しておこう。(1)「遅咲き産地『庄内の花』」(二月号)、(2)「球根栽培の頃」(三月号)、(3)「チューリップ花盛り」(四月号)、(4)「花の余目町として」(五月号)、(5)「輸入球原種圃の冒険」(六月号)、(6)「故里の花は幻」(七月号)、(7)「揺り篭時代の『切り花生産』」(8)「揺り篭時代の『切り花』の販売」、(9)「普及所が育てた花卉生産組合」、(10)「庄内花卉生産組合の創立」、(11)「『庄内のストック』共販の幕明け」。以上を概略辿ってみると、新潟と富山の先進地視察から学んだチューリップの球根栽培から始まって、オランダからの輸入球根の失敗、球根から切り花栽培への転換、その販路開拓の苦労、庄内各地への花卉生産の展開、庄内花卉生産組合の設立、さらにストック、アルストロメリア栽培への転換、新品種の登録…と波瀾万丈である。

豚購入

6月1日　「途中田川にて父の知っていると云ふ人に豚を見に行く。五六頭もゐたか。今は豚は九銭からで、届けて十銭の由。醤油粕は五銭。それでも飼育していれば損はないことであろう。百姓家には一頭位は廃物利用や肥ふみの上から見ても是非必要なことだ。思ひ立ったら吉日、と云う理で、早速一頭購入する。雌豚五円四十銭也には驚いたが、無理矢理算段してやれる自信はあるので、買ったのだ…」。

6月2日　「…(前略)…豚を入れるべく小舎を父は一日かかってこしらへる。材料不足の故でほんのちょっぴりしか出来ぬ…」。

6月9日「田植え　四時半起床午後八時。父、母（九時頃より）、民恵、彌生、（洞谷出来）、九時よりそくぼ植付け、そくぼ玉ノ井、午後父義歯破損、のため出鶴、三時より民恵、彌生、父（同じ）、母、六時半に炊事に上がる。太一、安吉一日苗取り運搬」。

6月10日「田植、五時起床。午前、そくぼの残り、父、民恵（一時間）。高畑（六日早稲）、四人かかる。母は九時頃より。十時半より高前（イ号）、十二時半まで。午後休日。母、民恵、醤油精製。五升のもとにて一番醤油八升。父、午後高畑畦に豆植える。（青入道一升にて全部植はる）」。

六月に入ると、父と一緒に豚を見に行って、雌を一頭購入。早速、連枝で学んだ畜産を導入している。父親も豚舎を作ったりしてくれており、父も太一の考え方に次第に同意して来ているのであろう。田植が始まる。妹民恵、彌生など女性が主役である。太一と弟安吉は「一日苗取り運搬」。父親は「畦に豆植」も。これら農作業の記事は、日記の欄外に心覚えのように小さい字で書いてあり、おそらく農林省農家経営調査に清書する準備のためであろう。

田植に雇われて行く

6月15日「与惣兵エの田植に雇はれて行く。一日腰の痛さを我慢し乍ら。今日では出来んのであるが早苗振舞をする。餅を御馳走になり、人々と快談すること一時間、大いに組合の宣伝、協働主義の宣伝をする。かうして隣人より徐々に啓もうして行かねばならぬのである。

健脳丸五〇銭、　糸代四八銭

蘭草一〆□(不明)草二十七銭　自転車修理一〇銭　支出

夏菜二〇銭　収入」。

6月16日「与惣兵エに今日も行く。昨夜はとんだ御馳走になった。苗不足で藤左エ門より貰ふ。京田坊主と云ふ稲がすこぶる収穫があるとのこと。陸羽以上に。出来具合を見て来年はよかったら是非種をとって貰ふと思ってゐる。…[1]」。

一五、一六日ともおそらく近所の与惣兵衛という家の田植に雇われて行っている。これはどうやら「ゆい」ではなさそうである。小作になった太一家では、他家の農作業に雇われて行くようになったのである。餅を御馳走になりながら、同様に田植に雇われて来ている「隣人」と「快談」して、「組合の宣伝」、「協働主義」の宣伝をしている。おそらく先日連枝の協同組合で聞いた話を近隣仲間に披露しているのであろう。このようにして、近隣から「徐々に啓蒙して行」こうというわけである。一五日には、僅かながら収入、支出の金額が記録されている。太一も「戸主」として、一家の財布を握る様になったのである。それはもう前からのはずだが農家経営調査のためのメモとして、日記に記載されるようになったのである。一六日の日記には「京田坊主」という稲が収穫が多いというので、来年はぜひ種を貰いたいと考えている。稲の品種も、試験場など行政機関からの指導より前に、このように農家相互の「口コミ」で広まって行くのである。やがて除草が始まる。やはり欄外の心覚えとして、「男八〇銭、女七〇銭」と書いてある。なお、ここで語られている「京田坊主」とは、西田川郡京田村（現鶴岡市）工藤吉郎兵衛作出の品種である[1]。また、「陸羽」とは、秋田県にあった国立農事試験場陸羽支場で作出されB た「陸羽一三二号」のことであろう。冷害に強く、東北地方で多く栽培された。

(1)菅洋『稲を創った人びと——庄内平野の民間育種——』東北出版企画、一九八三年、二四一ページ。

米を売る

7月22日「…（前略）…安吉は美事丙種合格。これで軍人になることは断念したであろう」。

弟の安吉が徴兵検査を受けて、「美事丙種合格」とされている。これで「軍人になることは断念したであろう」というわけである。労働力が無くなるということはあるにせよ、「美事甲種合格」で軍人になることを名誉と心得ていたはずの当時の日本において、太一の醒めた意識が印象深い。徴兵制が始まった明治初期には、農民にとって徴兵は災厄以外の何物でもなく、「一家の主人」免除の規定を利用して「徴兵分家」や「徴兵養子」が流行したといわれているが、時はすでに徴兵制も「確立」した昭和の時代である。[1] なお、太一自身は、後に本人に面接した際の証言によると、「自分の頃は軍縮の頃で兵隊にいった人は少ない。自分は丙種だった」とのことである。[2]

(1) 大石慎三郎『近世村落の構造と家制度・増補版』御茶の水書房、一九六八年、二八六、三〇三ページ。
(2) 一九八五年三月時点の著者の調査ノートによる。

協働組合への関心

8月28日　「農村夏期自治大学である。八時に行く。奥むめお女史の「夫人と消費経済」…。午後には岡本先生の「経済学」の概論（規範）…」。

8月29日　「…（前略）…昨日の理論が到達すべき必然的経路としての協働組合、その聯合、一寸聞けばあまりにユートピアのこと、誤解されるかもしれないが。この日おそく迄のこって岡本先生に質問するところ二三あった」。

9月6日　「…（前略）…午後文化研究会の總会。岡本先生の御臨席の栄をになった。規約原案の校正。…私はかうした美しい協働運動のグルプに入れたことの光栄を総身に感ずる…岡本先生もこの厳粛な気分こそ協働主義のクライマックスであると非常に喜んで呉れた…」。

9月10日「…（前略）…将来に於いては信用組合、消費組合を設立しようと思ってゐる。自分の家をロチデールの渦巻式に増殖をやって見ようとも思ってゐる。しかしこれは個人にやっては全然駄目だ、と思うけれど。今日、太郎左エ門から所謂こまひの衆飯米として米三俵を引いて来る。政府拂下米当にならんから各自に自由にしろといふのであったが、午後技手、拂下になった、と云って来る。値段は上記の通り」。欄外注記「政府拂下米　一俵五円十四銭」。

この頃太一は「協働組合」に強い関心を寄せていたようである。とくに岡本利吉の主張に強く共感している。そして自分で将来は「信用組合、消費組合を設立しよう」と考え初めている。「ロッチデールの渦巻式増殖」とは、著者には判らない。五月に連枝で学んだ複合経営を「渦巻型」と書いていたが、いわゆる「ロッチデールの原則」ならば、消費組合の運営方式であり、太一が消費協同組合に関心を寄せていたところから語られた言葉であろうか。おりから昭和恐慌の最中で、「こまひの衆」（小前衆の意味カ？）のための政府の米の払い下げが行われている時代である。

他村の実行組合視察

9月12日「…（前略）…新屋敷の農事実行組合の経営視察…今日の会は、帝国農会、縣農会の経営調査なのである。…副組長の説明…共同作業の実績を説いたがまだまだ自分等の思ってゐる協働とはかなりのへだゝりがある様だ。何はともあれ二十四戸で四萬円の借財と一戸平均三町八反の耕作ではたとえ共同していてもかなりの困難があることは論をまたない。実地見学だが、そうも大して感心すべきものも実のところなかった。堆肥は火の用心、宅地利用、これもなってゐない。稲も枯れない程度。養鶏もちょっぴり。豚は飼ってゐる、といふのみ。これで模範組合なら甚だ心細いことだ。午後庄農講堂で批判会を開く。官僚的なことが第一に嫌な感じがしてならぬ。皆が事務的に振当てられたことをやって退ける（ママ）、といふ態度だった」。

新屋敷とは、東田川郡渡前村（後藤島町、現鶴岡市）の部落である。後に荘内松柏会の設立者として著名な長南七右衛門[1]が実行組合長だった。しかし長南が松柏会などの活動を始める前であり、なぜ新屋敷実行組合に経営視察に行ったのかは分からない。部落の実行組合長として「異色の組合運営を行」っていたともいわれており、すでに注目される存在だったのであろう。[2] 系統農会の「経営調査」が行われたということは、そのことを物語っている。終了後、庄農（庄内農学校、現庄内農業高等学校）で「批判会」が開かれているが、その内容は分からない。しかし、太一は感心していない。むしろ「官僚的」と映っている。上からの運動と感じたのかもしれない。つい数日前、岡本利吉の講演を聴いて感動し、自分でも「協働運動」として「信用組合、消費組合を設立しよう」と思ったのとは対照的である。後に篤農協会の系譜で活躍することになる長南とは、かなり思想的性格の違いがあったようである。

(1) 荘内松柏会と長南七右衛門については、後に再説することになるが、とりあえず前掲、拙著『庄内稲作の歴史社会学――手記と語りの記録――』二四九～二五七ページ、を参照されたい。
(2) 大瀬欣哉・斎藤正一・佐藤誠朗編著『鶴岡市史』下、鶴岡市役所、三一五ページ。

日支戦端開く

9月20日　「…（前略）…日支戦端開き新聞紙上賑ふ。来たるべきものが来たのか？来べからざるものが来たのか？」。

昭和六年九月、関東軍の南満州鉄道爆破で、いわゆる「満州事変」が始まった。その記事が新聞紙上を賑わしているなか、「来たるべきものが来たのか？来べからざるものが来たのか？」と、ここでも太一は冷静である。しかし、この後日本は戦争への途をつき進んで行く。

昨年は豊作で疲弊・今年は不作で疲弊

９月26日「私は今つく〴〵と考へることがある。昨年度は豊作のための農村疲弊、今年は不作のための疲弊であろう。生産不足で米価もぐうーっとよくなったならばなんとか出来るかも知れないが、今日あたりは十三円いくらであるそうだ。これでは救はれっこは先ずあるまい。家では金肥を昨年の上作に味をしめてかなり多量に施肥した関係上どこもかしこも枯れ果てた。これではいくら稼いでも〳〵貧乏がいつも先に走ってゐるのも必定だ。ここに於て私は痛切に悟るものがある。なんとしても生産費をさげることだ。金肥を節約して自給肥料にすることだ。豚を飼い、それに依って堆肥をうんとよいものを作らねばならぬ」。

「昨年度は豊作のための農村疲弊、今年は不作のための疲弊」で「つくづく考える」太一である。昨年は金肥を使いすぎた。結局「生産費を下げる」ために、「金肥を節約して自給肥料にすること」、豚を飼い堆肥を創ること、と決心を新たにしている。

かつての許嫁の結納

10月31日「今日は向こうの家の竹恵、西沼から結納が来るんで母は招待を受ける。きっと母は彼等の栄□(不明)な生活を見て、かなりのショックをうけて来るだろうと思ってゐたら案の定だ。そしてそれに竹恵は西沼でも相当な中産階級に嫁ぐといふことや嫁支度なんかもかなりのものであったことなんかや、更に姑のうれしそうな顔、竹恵の美しい(?)顔、等々自分は母の心を十分に察することが出来る。私も、大きな衝動を受けてゐる。昔日の自分であったら妻としておられる許嫁の女が、そしてかなり愛してゐた女が、家庭の破綻は夫婦になることをこばんだのである。今、静かに考へると俺は弱者の立場にあるんだといふ感がひしひしと迫る。…しかし俺は断然と思を断ち、ここに住みついたのであれば未練がましいことは決して云ふまい…(後略)…」。

かつて許嫁だったが家の破綻によって破談になった竹恵が「相当な中産階級に嫁ぐ」ことになり、それに対する太一の心境である。この竹恵という人が、ここで「向こうの家の」と書かれていることに注目したい。「向こうの家」とはすでに見たように太一が育ってきた阿部太治兵衛家である。この家は戸主富太郎の直系と太一の祖父母、父母を含む傍系と、二つの系統を含む複合家族であった。そこに含まれる竹恵だから、太一とは直系の家族員ではないが、従姉妹か又従姉妹の関係にあったのではないか。

農民は死ぬに死ねず

11月16日「親父の失敗から自分は一文も費はない金銭借用書がいばりだして、権利をゆずるとか、村總代に相談するとか五十円づゝ、四百五十円になるまで年賦にするとか、それに不作で米は半分、肥料代は三十円（百四十円の内）しか拂われず、米質は悪く、一切の粗収入も減じ、おまけに税吏は窓下にまで強請をする、といふ始末。一体どうするんだ。…つまり農民は死ぬに死なれず、生かさず殺さずの政策に搾取されてゐるんだ。今に見ろ、なんていばって見たところで、それは駄目だ。かへって命が縮む」。

11月27日「…（前略）…長四郎に早くから話してゐた苗代の件、快く承諾してくれた。有難いことだ。作り田が一歩でも多くなったことはうれしいことである。これがあれば役場のところを養魚池にしてもよい」。

12月9日「…（前略）…昨日やった二十俵（八石）の米、皆五等であったと元治云ってくる。なんといふことだ。バカバカしいにも程がある。発動機をかけて二円いくらと、入り増し四斗と、それに五等の格差一円四十銭（一円二〇銭のものが、四〇銭になったと云ふ）で合計廿円以上の損になってしまった。なんたるバカバカしいことだ。…四等になんとか入れるであろうと彼等も云ってゐたので、僕もついうかうかと五等の時はと但し言葉は云はないでしまったのだ。残念である。…この不作と米価安と、それにこんなヘマなことをしてしまっては、生計を如何にして立て、行くであろうか？思ふと重い気持ちになる」。

12月23日　「欄外注記　調整　三石四斗（十六俵）□（不明）斗七升（二番米）…」。「本文　二番米は上記の様にある。飯米は十分であるが、販売米は一体どのくらいであると思ふと寒くなる…」。

12月26日　「…（前略）…今日米の生産検査を受けたが、イ号八俵四等、更に試しにやった陸羽も四等になった。陸羽で四等だからこんなうれしいことはない。やはり調製第一だ」。

一一月一六日の日記でいう「親父の失敗」とは、どういうことを指しているのか分からない。したがって「村總代に相談する」という意味も分からない。しかしともかく、恐慌下で「農民は死ぬに死ねず」という状況下にあることを述べた言葉として引用しておく。かといって「今に見ろ」などといったところで、早まった行動はかえって「命が縮む」と太一は心得ているのである。一一月二七日には、苗代を「借りて作り田が一歩でも多くなった」ことを喜んでいる。しかしこれは「わずか一歩」のことであり、経営規模の拡大よりも、他の苗代地を「養魚池」に出来ると、むしろ経営の複合化を目指しているのである。一二月九日の日記も、「不作と米価安」の下で「如何にして生計を立てて行くか」という太一の悩みを語っている。元治とは米の仲買人であろうか。しかし記述を見ると、農民から米を買い取って市場で販売するのではなく、農民から依託を受けて市場で販売する仲介者のようである。四等米で売れるだろうといって委託を受けたのが、五等米にしかならなかったといって来て、太一は頼み方が不十分だったと後悔しているのである。「発動機をかけて二円」とは、調製にかかる費用であろうか(1)。「入り増し」とは買い叩きを防ぐ方策として一俵四斗の規定に若干の余枡を入れることだろう。一二月二三日の日記でいっている二番米とは、昭和三年一二月二四日の日記でも触れていたように、一度選別して上米を除いた後の米であって、小作農民が一般に自家飯米としていたのは、このようないわゆる「二番米」であった。そのような「飯米は十分」だが、小作料として地主に納めたり販売したりする一番米は「どのくらいあるか」と心配している。また「陸羽」とは、前述のように官営組織の作出品種「陸羽一三二号」のことであろう。なお、一歩（いちぶ）とは一坪つまり約三・三㎡である。

(1)太一のこの日記の記述のちょっと前、昭和三年に書かれたある庄内農民の著書には、昔と違って「今はそれと事變り脱穀や脱稃は人力機から更に變って居る動力に石油発動機又は電動機を用ひ唐箕まで動力掛に変化しつゝある萬石篩も動力掛けが流行して来た何もかも皆機械を用ひる様になったから米拵へは昔から見ると短期間に出来上る様であるがさてその経済上の利益は如何であるかと云ったらこれまた疑問である」（佐藤金蔵『私の田圃日記』正法農業座談会、一九二八年、一八四ページ）とされている。

大晦日

12月31日「今日でどうしても出かさねばならぬと大馬力をかける。米調製ですっかり晩になってしまひそれから餅搗き。煤拂ひをやり、さては風呂を立て松を立ておまけに年とりをしたので晩飯の食べたのは九時半だ。除夜の気分とか何とかの感じなんかちっとも湧かない。おまけに小使銭ちっともないのでそれで一層の貧弱さを感じた。小作米を拂ってこゝに残ってゐる米は上米六俵と五等米四俵しかないし、他に二番米は座敷に十二俵と二階に八俵あるからこれは大丈夫であろうと思ふ」。

大晦日、苦しかった一年がようやく終わって、除夜の気分も湧かない太一である。小作米を拂い終わって、なんとか二番米は座敷と二階に二十俵あるから、飯米は大丈夫と安心している。

【昭和七（一九三二）年】

天候と豊凶の関係研究

1月1日「欄外注記　今年は十何年振りの雪無年なそうだ。先月の廿日頃五六寸の降雪を見、大晦日にはすっ

かり消へる。小春日和。元旦でこんな天気は珍しい。一つの記録となるであろう。（大正五、九年に類似）

五——反当二、〇二七

九——　　二、四四九（大泉）

結実極めて良好」。

「本文　昨年は徹頭徹尾禄（ママ）なことがことがなかった。例へば、稲作不良、治郎作山林の件で現金にて二十円位の損と、さらにそのことで毎年一〇円づ、の年賦返還のこと、米調整で発動機をたのめば二十俵全部五等米、そこで岩田式を借りれば歯車の破損。父は三回手を怪我し、さらに米券のことでは十円程損をしまふ（ママ）。…（中略）…さて今年は良いことがある様にと祈ってゐる。昨年は二十五の厄年であったが、本年は良いことであろう。…」。

昭和七年の元日、昨年は碌なことがなかったと不幸だったことを列挙して、それは二十五歳の厄年だったからというこ とにして、昭和七年の幸いを祈っている。しかしこれは太一の冗談で、雪なし正月が「結実極めて良好」だった大正五、九年と類似していることを指摘して、今年の豊作を期待するあたり、まさに太一の面目躍如であるが、これは決して単なる思いつきではない。太一が後に刊行した『稲作豊凶の予知はできないか』によると、彼は、稲垣乙丙の『稲作豊凶予知新論』（明治四〇年刊）に学んで、昭和八年から、藤島にある県農試の庄内分場に気象資料の提供を依頼してもらい、天候と豊凶の関係を研究していたという[1]。たしかに翌昭和九年五月二日の日記には、「庄内分場、今年度の気温を見に行く」との記載もある。右の正月の日記は昭和七年であり、太一の著書でいわれている庄内農試からの資料提供の前年になるが、すでにこの年から庄内農試を訪ねて、資料の提供を受けていたということは十分に考えられるので、この日の欄外メモはおそらく農試提供の資料によったのではないか。つまり後に公刊されるようになる太一の研究の片鱗が、いち早くこの年の正月の日記に顔を出しているのである。なお、この昭和七年の日記から、日記帳の書式が変わり、各人の農作業従事時間数を記載するようになっているが、それは、前述のように農林省の農家経営調査に協力することになったので、そのための資料を記録するためであろう。

⑴前掲、阿部太一『稲作豊凶の予知はできないか――五五か年間の気象観測の記録』農業荘内社、一九七七年、三ページ。

地主との小作料減免交渉

1月14日「…（前略）…父は富太郎、八右エ門と同行。物の判らぬにはか地主には呆れ返ってしまふ。加羅屋（ママ）では（長治郎の）一割はくれるが、そのかはり田面実測して小作料をあげろとのこと。これにも他人ごと乍らむらむらの憤怒の気持ちが巻き起こった…」。

このような小作料減免についての地主と小作人との間の交渉は、数多く行われたはずである。この記事は、太一自身の交渉ではないが、当時の状況の一例として引用しておく。ただし庄内では、地主は支配人を通して小作地管理を行い、小作人と交渉するのが一般的だったようであり、「ものの判らぬにはか地主」となど書いてあるところから見て、これは支配人を置いていない小地主が交渉相手だったのかもしれない。「加羅屋では（長治郎の）一割」とされている点は判らないが、「長治郎」とはあるいは田地の名前であろうか。

従妹との結婚話

2月3日「朝であったか、矢馳の叔父、改まっての話には、自分の家では辰恵をこちらに嫁にやることは出来ないから他から探して呉れる様にと云ってゐた。第一彼女の母も私本人を嫌いだといふ。本人も嫌と云ふのならそれは仕方ないことだ。強制的に貰ったところでそれは破婚だ。第一に俺の家は貧しいから嫌なのであろう。貧しいといふことはすべての意味で全く参ってしまふ。いつ迄貧乏なものではない。本人が嫌ならそれは仕方ない。どうせ自分はこのことで一苦労せねばならぬこと覚悟はしてゐる。本人が嫌ならそれはもう駄目であろう。自分の胸に当て、見てもきらひな人と結婚することは忍び難いことだから。娘らしい羞恥心からか？それとも虚栄心から自分等の立場からもっと財政的に恵まれた家庭に行けるとの野心からか？どっちにしてもそれはもう決まったことだ。両親や親族では盛んに奔走することはそれはこばはぬ(ママ)が、成る様にしかならぬのが運命である。そして彼女は？これもこの頃は一向無関心である。とりつく島もない自分かも知れないが、何糞どっかに爆発せねばやまぬ力がどこに押出すか？高々女一人位のことでくよ〳〵してして居られるものではない。しかし口惜しいといふことで精神的に打撃をうけてゐることは堪え切れない程残念で〳〵たまらぬ。貧しいことで人間の価値が決まるのか。そう自分は覚悟は決まった。芋をかじって死ぬ覚悟は決まった。…つまらぬ正月気分になって、全くつまらぬ」。

かつて許嫁だった竹恵が、家の破産によって破談になった後、昭和六年春頃の日記では、「祖母や父やそれに親族衆も嫁は矢馳から」と考えているのだった。太一も従姉妹との結婚ということで疑問をもちながら、そのような周りの気持は承知していて、姉の清女ではなく、妹の辰恵なら「一寸好感」を持つと書いていた。ところがその矢馳の叔父が「辰恵をこちらに嫁にやることは出来ない他から探して呉れる様に」といったというのである。「第一に俺の家は貧しいから嫌なのであろう」と、家の破産によって小作になってしまった運命に「なるようにしかならぬ」と思いながら「爆発」しそうになる太一である。

自分のような無学なもの・帰着するのは貧乏

4月20日　「…（前略）…昨夜俺の嫁のことで、父母がこそこそ話をしていた。辰恵を貰ふことについての話だ。藤左エ門から話して貰ふ様に昨日は行ったのだった。俺は結局辰恵でも良いと思ってゐる」。

5月15日「…（前略）…今夜矢馳の叔父来る。例の辰恵のことについてである。どこまでも駄目であれば仕方ないが、なることなら辰恵と結婚すれば将来のことが恵まれる様な感じもする。そしてかうして駄目らしくなればなるほど執着も湧くというもの。美佐尾がどこまでも自分と結婚する意志があり、家庭もその気になればとの感じもするが、それ迄の努力は一体今の自分にはあるかどうか？が疑われる…」。

5月20日「嫁のことで昨夜藤左エ門の爺さんが来て、酒を出した。善後策を父母と話しているところに叔父が来る。ふしんとかあるんだそうな。酒はかへしては見たものの、かなりの未練があるからぶらりと来たのであろう。望み薄と思ってゐたのが少々曙さんがさして来る感じがする。辰恵の云ふには、太一は自分の様な無学なものとはつれ会(ママ)ひがとれず今後が心配だから一そのこと断念しようとのことだ。それならそれでよいのであるが、たゞ向うの家が貧乏だからといふのならまさしく軽蔑されてゐると実に不快に思ってゐたのである。…」。

5月23日「…（前略）…午后には高畑の畦畔塗りと牛は田搔きを初(ママ)める。今日しみじみ思ふことは結婚のことに関して辰恵の態度や矢馳の態度なんかを静かに考へて見るところがあった。やはり帰着するのは貧乏と云ふのが一番いけないのだ。土蔵がないとかなんとか云って思はしくない雲行きである。…」。

5月28日「昨夜□□(不明)藤(ママ)左エ門が来た音がした。今迄談判をして来た由。矢馳では主人も母もやっと承知はしたが、肝心の辰恵が嫌だと我張るとのことだ。…どこ迄も嫌なのならあきらめもするが、どうやらそれのみではない様な気がしてならぬ。…おれも妙に辰恵が好きになったんだから変てこなものと云へる揚水機の川草ひき。それから田植をする…」。


母の実家の従姉妹との結婚話も難航する。「自分のような無学なものとはつれ合いがとれず今後が心配」という辰恵、しかし「妙に辰恵が好きになった」太一であるが、話は食い違う。そこで「帰着するのは貧乏というのが一番いけない」と考える太一である。

組合のこと・調査のこと・鶏のこと・豚のこと・兎のこと・はては水引

5月30日「…（前略）…組合のこと、調査のこと、鶏のこと、豚のこと、兎のこと、はては水引、と全く忙しい。…」。

縁談もさることながら、稲作については気候と豊凶の研究、他方では「渦巻型増殖」で畜産や養鶏、そして組合とすべてに全力疾走の太一である。

小作米不納では

7月31日「…（前略）…晩結婚のことに関して父母は寺田はどうも面白くないと云ふ。小作米三年も停ってゐたことが矢馳でも実に不快に思ってゐるらしいし、馬町にこのことを云ったら頭から反対なことは判り切っている。…」。

8月14日「…（前略）…寺田の方はきけばきく程財政上ひどいことばかり…。俺もつら〳〵考へて見たが、矢馳で心機一変して辰恵をくれる様だったらその方にしようと思ってゐる。なんとしても家計上に恵まれてないのはしみじみと考えさせられることだ」。

寺田と書いているのは、これまでひそかに恋い慕って来た美佐尾の家のことのようである。美佐尾に対する思いが親族にも知られることになったようで、その家が、小作料を三年も不納しているということが、問題になったのである。太一自身も「家計上に恵まれていない」ことは大きな問題だと考え出している。太一自身、近親関係にある辰恵との結婚がはかばかしく進まないことを自分の家の「貧乏」のせいと思っていたが、今度はそれが相手の家の問題になって来ているのである。結婚は個人の問題であるとともに、家に入る、あるいは家に入れることであり、家と家が関係を結ぶことであって、先方の家がどのような状態であるかは、重大な問題だったのである。このような結婚の悩みが何ヶ月も続くので、このテーマについての記述は、しばらく省略することにする。

この家初めての慶事

8月27日「明日はいよいよ民恵の結婚式なので、矢馳の叔母や叔父が来て、いろいろ手傳って呉れる。…この家に移り住んでの初めてのよい出来事なので皆嬉しそうな顔だ」。

8月28日「家で初めての慶事だ。荷背負は矢馳の庄一君と省三と、岡山の傳太郎と安吉だ。皆若手のみである。僕は留守居といふわけで一日そこらをかけめぐった。妹がほんの外出着らしいのを着て嫁に行くのを見ては可哀想な気持ちで一ぱいだ。しかし家の貧しいこともそれから人の価値なんか服装で決定はされない、と悟ったならばと思ったけれど」。

他方の妹民恵が結婚することになって、「この家に移り住んで初めてのよい出来事なので皆うれしそう」である。が、それでも「ほんの外出着らしいのを着て行く」ので、妹が可哀想になる。しかし「人の価値なんて服装で決定されない」と悟ろうとする太一である。

【昭和八（一九三三）年】

正月・瑞兆と心配

1月1日「…（前略）…今年は俺は27にもなったがこの凶作では結婚なんてものは思ふのもよくないし亦世間でもそう見てはゐないこととは思ってゐる。昨日、矢馳に行ったんだが、辰恵の母がとりわけてもてなしのよかったことが何かしら瑞兆の様にも思った。これがまあ今年のトップを切って何かしらうれしい感じのすることと一つではある。これと反対に心配なことは柳田へこれも昨日父は小作料を持参したら、昨年度の分を近々にはどうしても納付して貰ひたいし、萬一駄目だったら耕地は取り上げてしまふとのことだ。このことなんかも心配すれば心配だし、若しこのことが矢馳にきこえたら例の如く亦しても結婚のことは悪変するに限って(ママ)いる。どうも新年早々いやはやどうも□□(不明)の悩みは寧日なく追ひまくられといふものだ…」。

昭和七年は、前年に引き続き、凶作（大泉村平均反収一石九斗余(1)）で、その翌年正月の記事は結婚どころではないと太一もいささか諦め気味であるが、しかし長らくの懸案であり、ようやく矢馳の家でも太一と辰恵との結婚に理解を示し始めたと喜んでいる太一である。しかし、これと「反対に心配な」のは地主から昨年度の怠納の分を近々納めなければ「耕地は取り上げる」といわれたことである。この小作料怠納の件を知られたら、結婚の件もまた空気が変わるのではないかと心配している。

(1) 前掲「山形縣における米作統計」、二〇ページ。

協働運動に対する地主の危険視

8月29日「矢馳の叔父、午后突然来たって曰く。久兵エ殿に辰恵を嫁にやるからとお報せしたら、貰ふ本人が協働運動にたづさわって星川達と一緒の事をやっているのは面白くないし、いつ検束されるやも知れないから本人から(ママ)星川及運動から手を切れば承諾するといふが一体どうであるか、との強談判だ。どうも俺を陰険な人物と見られるのは、たまらなく不快に覚える…」。

10月19日「叔父晩迄遊んで行く。木村九兵エ氏が俺達の運動を甚だ危険視してゐるから星川先生とはなんとか手をきられないか？とのこと…」。

木村九兵衛とは、先に紹介したように隣部落の矢馳の二百町を越える大地主であり、太一も小作している相手である。叔父の家も矢馳であり、辰恵との縁談の話をしたら、太一がとりくんでいた「協働運動」に対する危険視を語られたというのである。この頃、先にも見たように星川清躬の協同組合運動には「特高の目」が光っていて、太一もその一派として地主から警戒されたようである。この後も、木村九兵衛が「自分たちをとかく白眼視している由」（一一月三日）、「矢馳の叔父…例の協同運動對木村九兵エとのことを例の如くど〳〵と云はれたがもういやになった」（一一月八日）などの記事が記されている。

稲視察

この年、夏には稲視察の記事が多い。太一も単に父親の指示で農作業を行うのではなく、経営主の立場で稲作を研究する立場になっていることを示していよう。とくに品種への関心が著しい。庄内農民の特質であろうか。このことが、庄内に多くの民間育種を生み出した基礎であろう。「会の稲作視察」とは、部落の隆耕会主催の行事であろうか。見廻っているのは部落内の田地のようである。

8月8日　「鯰とりに出る。これは完全に駄目。どうせ駄目だからと、谷地全部の稲視察をする。

1　一、大山割の、一本糯、入熟期。今が見ごろだ。も少し丈が出てもよい。穂の長さは中位。洞谷より下葉は枯れてゐない。他の谷地の一本糯（三右エ門、八良右エ門）と違って葉にごま斑点は見えぬ。株分けつは二十本位。二、大山割、坊主イ号やっと出揃ひ。頗るの伸長。一体にきれいではある。今のところは水口の方の多肥の分はよい。

2　荒田、六分通りの出穂。穂がやや汚い。蝗がこゝにはとりわけて集まってゐた。坊主イ号よりは低丈。分けつは十五六本のところ。馬小便跡は枯れてゐるからこれ以上の多肥は考へねばならぬ。下葉は枯れない。色は非常に黒い。大国坊主以上の色だ。根の方が。

3　高前、治郎作のよりは出穂おくれる。今のところ治郎作のよりは見劣りする。丈も一寸位低い。もう少し分けつしてもよいと思ふくらいだ。草丈も甚だ不揃ひだ。おい虫も付いてゐるかも知れん。

4　半割。大山割よりは厚く出来た。草丈は同じ。やっと花収まりすんだところだ。この辺が丁度良い出来と考へる。下葉はかれない。…

5　大国早生、善之尾六号の籾は丁度昨年の風後の様な暗茶色の籾が一本の穂に五六粒見え、不完全な結実花のない様な奴もところ〳〵に見える。とりわけ多肥の□（不明）な所は坊主イ号は比較的によい。

6今穂の出ぬのは、善之尾何号かと、鶴のもちと□□（不明）もち…」。

8月27日「一日父とひえ刈りだ。高前、大山割、荒田出来る。荒田の善之尾六号はとてもよい。今日感じたことは1大国早生を止めて六号にすること。2大国早生は一体に晩植えが最大危険であること、及あまりに分けつしてあったこと。3とにかく無苞物は有苞種よりは今の分ではよく見えること等々」。

9月3日「会の稲作視察だ、左に感銘した事項。一、谷地の上の方は例年に比してそう大した作況ではないこと。土のよさはあまりかうした上作年は発揮しないこと。二、久茂の下の方の谷地あんなに草丈はよいが案外かさの少ないこと、これは甚だ研究の余地あると思った。□□（不明）類は今年はどうもあまりよくはなかった。三、市郎君発見のことだが、穂に穂がなったこと。陸羽、玉ノ井にあり。…」。

右の稲視察の記事が、まことに周到・綿密であることに注意したい。これが庄内稲作農民なのである。いう迄もないが、「馬の小便後」が枯れているからこれ以上の多肥は考えた方がいいとは、窒素肥料過多を警戒している言葉であろう。記事にあった「一本糯」とは、西田川郡東郷村（現東田川郡三川町）の佐藤順治作出の糯米の品種である。「大国」といわれているのはおそらく大国早生のことであり、やはり佐藤順治の作出、山形県内の最多栽培面積は一七、三四六haである。また「坊主」といわれているのは「福坊主」のことで、西田川郡京田村（現鶴岡市）工藤吉郎兵衛の作出、山形県内の最多栽培面積二六、二八四ha、「イ号」とは、西田川郡東郷村（現東田川郡三川町）佐藤弥太右衛門作出、山形県内の最多栽培面積一八、九二六haである。これらは、粳で広く栽培された、ともに有名な品種である。「善之尾」は、太一が住む白山と同じ大泉村の吉住善之助の作出で、何号と番号づけされたいくつかの品種を含み、ここで注目されているのはその六号である。九月三日の記事で、「陸羽」とは、陸羽一三二号であろう。これは、前述のように官営組織の作出品種である。また玉ノ井は、佐藤弥太右衛門の作出、県内最多栽培面積は九、九〇二haである。[(1)] このように、庄内地方は農民の育種家が多く、その作出品種は広く栽培されたが、その背景にあったのは、右の視察記事に見たような農民の稲に対する熱意であり、研鑽だったのである。

⑴菅洋、前掲書、二四〇ページ以下、による

鯰獲り

八月八日の日記にあった様に、この夏は鯰獲りの記事と、欄外にそれを売った記録が頻出する。例えば――

7月4日「…（前略）…朝へナワあげに行く。二十五本獲って来たのは大漁だ。安吉今年初めて松露庵に持参。一〆上物は、一、三〇円の由。

7月13日「なまず今朝は大漁だ。数で四十八尾。重量で二〆あった。土木は一日で六十銭だが、これは一朝で二、四〇円の収入だ」。

これも、経済的に苦しい小作人の生活の知恵である。弟の安吉が売りに行っている。「土木（作業）で一日六十銭」に対して鯰は「一朝で二円四十銭」とは、そのうまみを物語っている。なお、ここでいわれている松露庵とは、鶴岡の料亭である。

庄内米を売って台湾米を買う

10月21日「村の衆、庄内米を（今日は二〇円三〇　四等切プにて）売って台湾米（石十八、六円の由）を飯米にする由、格安はとにかく、庄内米はいよ〳〵危機迫ってくるのを覚えた」。

「村の衆」が「庄内米を売って台湾米を飯米にする」という。四等切符でもわずかばかり高い庄内米を売って、飯米として台湾米を買うという操作で、何とか暮らしを立てようという「窮迫販売」的状況が、ここ庄内にも迫っているのである。

若勢の押正月

10月24日「…（前略）…今日は若勢衆の押正月だとかで皆大山に行って、安吉も同行…」。

簡単な記述だが、「若勢の押し正月」の記事は時折登場する。つまり、正式に雇い主から認められた休日ではなく、若勢達が申し合わせて集団で仕事を休む、いわばストライキである。この点、庄内の若勢と云う存在が、身分的に拘束された「名子」のようなものではないということに注意しておくべきであろう。庄内藩領でも、江戸時代初期には「名子」はあったようであるが、その後、それぞれの家族単位の経営つまり家としての自立化が進むなかで、零細経営層の次三男からなる若勢も、背後に小なりとはいえ自分の家があり、その家の生活のために給米を稼ぐ存在、したがって労働条件によっては集団行動に訴えて「押休み」を勝取ることもあるような存在に進化して来ていたのである。この日記の記事でも太一の弟安吉が「押休み」の若勢と同行して大山に遊びに行っていることに注意して頂きたい。(1)

(1)庄内における若勢の「押休み」については、前掲、拙著『家と村の社会学——東北水稲作地方の事例研究——』五五七〜五五九ページ、また、庄内における名子については、同上、拙著、三一五〜三二三ページを参照されたい。

結納

11月10日「一、朝から上天気。　二、結納日だ。そばを全部刈取って晝家に来たらもう大きな鮭が二尾来てゐたところだった。考へて見れば自分のことだが、どうも何か友達のことでもある様なあっさりした気分である。三、午后、馬町の叔父早速来て呉れた由。今頃はすこぶるはにかんでゐるであろう辰恵を思ふとやはり一寸可愛い感じと、亦あんな一面無骨な奴ではあるが、乙女らしさのはにかみが一番好感が持てる。　四、晩返り酒の振舞ひでぎこちない手附で何とやらの酒をいただいた。さあこれで、結納は済んだ理だ。…（中略）…安吉の云ふことには辰恵がお酌するのをはにかんでか、それとも複雑な心理状態からか泣いてゐたと云ふが、やはり感傷的なものは女の生命である、と思ふ。…こんなことを書いてゐると忘れておきざりされてゐた青春がひっこり頭をもたげて来るのを感ずる。晩に矢馳の叔父も来たが、□（不明）ると喜色満面であった。母は魚も充分のものをやったし、萬時理想通りに行ったからと安堵の有様だ」。

なかなか纏まらなかった太一の結婚話がようやく結納までこぎ着けた。母の実家の馬町からも叔父が「早速来てくれた」し、「矢馳の叔父」も「喜色満面」である。太一自身、相手の辰恵に「乙女らしさのはにかみ」に好感がもてると、いかにも太一らしくやや第三者的な表現だが、やはり嬉しいのだろう。母も、お客さんの待遇がうまく行ったとほっと「安堵」である。

「渦巻型増殖」の一環として種豚購入

結納を無事に済ませて、太一は張り切っている。「渦巻型増殖」の一環として種豚の共同購入の試みである。

11月28日「…（前略）…三、今夜種豚購入のことに関し寄合ひを拙宅に開催するといふので、自転車で村中をかけずりまはる。…五、晩は余り寒いので、会する者六人。とにかく購入のことは決定し来月五日迄に出金することにした」。

12月3日「四、種豚舎の建築設計を米蔵君に依頼する…」。

12月5日「いよ〳〵種豚購入決定して、久茂宅参集、会するもの十名。出資金参十円集まる。直蔵君へ会計をお願ひした。…」。

12月7日「今日、豚舎の材木到着。いよ〳〵活気づいて来た。…」。

12月14日「一、朝っから豚舎建立だ。半蔵君は骨惜しまずの奮闘である。実に力強く感ずる。一つの事をやる上にはいろんな障害はあるものだ。与惣兵エ、伊右エ門はどうやら組合加入見合せの模様であるし直蔵はたゞ總てが自分の名義ですることを先ずほこりとしてそれのみの優越感に浸ってゐるのだ。最後にふみとゞまるものはこれ幾人であることやら。二、一日米調整。今日のは案外にあるのでこれは実に気持ちのよいことだ。三、晩四時二九分の列車で種豚到着。案外生年月日の割合に大きくないのは少々おどろいたが、しかし内に潜めてゐるこの系統といふものは近々発揮するものであろう。私は大きな責任と張り切った気持ちと亦相当の自信は持するつもりだ」。


これまでも鶏を飼ったり、また「カスター兎」の繁殖を試みていたが、今度は村の友人を誘って、種豚の共同飼育をする計画である。豚舎建築に奮闘したり、届いた豚が「生年月日の割合に大きくない」のにおどろいたり、しかし何人踏みとどまるかと懸念したりしながらも、「私は大きな責任と張り切った気持ちと亦相当の自信は持するつもりだ」と覚悟のほどを述べている。

今年も安吉荒町へ

12月10日「安吉荒町へ行く。昨年よりは三日早い。…」。

今年も、農閑期になって弟安吉は鶴岡荒町に働きに行く。次三男の立場である。

破局再来

12月15日　「一、突如として諏訪富右エ門からの支拂命令に接す。富太郎の保証である。十年前のこと。二、午后執達吏来る。もう差押さへである。いくら俺が戸主だと云ったところで証明するものがないので、駄目である。あきらめる他に道はない。しかし俺は□□(不明)といふ野郎に突然にだまされたことを後で悟り。あ、俺はだめだ。こまったことになった。実にこまったことになった」。

12月16日「今日富右エ門に行くことにする。朝富太郎に行って話をして来た。役場へ行って太一の戸主証明して貰ふに話したがそれは駄目だ。午后に富右エ門に行く。電燈のつく頃鶏舎で下に産んであった卵をふみ破ってしまった。不吉な予感がひし〳〵と迫る。果せるかな、いけない。もう萬事休す。溺れる者はわらをもつかむといふので、富太郎に晩に話に行く。父は役場（吉住氏より戸籍のことで鳩首密議であるが、どうも萬事休すだ。一夜ろく〳〵寝付かれない。父も同じ思ひだろう）」。

悪夢の破局再来である。かつての阿部太治兵衛家の戸主富太郎の債務保証に関して、地主の諏訪富右衛門から支払い命令が来る。さらに執達吏が来る。今は戸主は太一だといっても、「駄目だ」といわれる。この辺りの法的取り扱いについては、著者は詳らかではないが、これ迄「新生」に向けて営々と積み重ねて来た工夫と努力も「万事休す」である。一六日の日記でとくに卵を踏み割ったことを記して「不吉な予感」といっているのは、この頃、産んだ卵の販売が貴重な家の収入になっていたこともかかわっていよう。一二月「母卵売り」などの記事がある他、欄外注記としてその日の卵の売り上げが「二・一〇円」（一二月一三日）とか、「卵二十個六〇銭」（一二月一〇日）とか記されている。

老いた父や母のために

12月17日「…（前略）…与惣兵エへ鶏のことを話したので、いくらでまけて呉れるか？と云って、先ず鶏を見て呉れと鶏舎の手前で俺は声を上げて泣いてしまった。涙がとどめなく流れる…。しかし幸い母も丈夫でゐるからよい。…こんなことがある後に於てはげっそりと老ひ衰へ見る父の姿よ。父、そうだたとひ無力な父であっても私は父に元気をつけてやらねばならんのだ。それが私の父に對するせめてもの孝行であるのだ。今迄は間違ってゐた。行く末の短い父の生涯に對して俺はあく迄父を愛護しなくてはならんのであった。金のないことはつまり物質のことは第二の問題であったのだ。…こんなことで矢馳で嫁を呉れることは見合せるとしたら、亦本人も嫌だとしたら、どうしよう。俺はそれでもよい。心の愛妻たるべき辰恵が嫌だと云はれればそれは仕方がない。俺はその時はあきらめ様とは思ってゐるが、そんなことはないであろう。…辰恵に限ってそんなことはないとは思ふけれど。最急務はこの場合差押へを解除する様にせねばならんことだ」。

12月18日「トニカク起きるには起きた。寝てもおきても頭へこびりついてゐる差押の件だ。…父は書すぎからまた富太郎と同行で富右エ門へ。二人で八十円をやり残金は何とか年賦にして呉れと云って行くのだ。屠所にひかれ行く羊の様に。とぼ〳〵と。…母が今この場にゐたらどんなにか心配するだろう。俺は父や母に對して子としての責任はせめても□□（不明）へ心配をかけず父母の為に俺は生きねばならぬ。…」。

翌一二月一九日の欄外注記に、「鶏売上一羽一・九〇円、四〇円入、十七円は年賦へ」。

破局の再来に、太一の戸主証明のために役場に行ったり、債権者の諏訪富右衛門のところに当時の戸主の富太郎とともに父が訪ねて、二人で八十円を出すので後は年賦にしてくれと頼んだり、などの努力を重ねるが、解決はつかない。この状況のなかで「げっそりと」老い込んでしまった父と母のために「俺は生きねばならぬ」と決心を固め直す太一である。しかし折角結納を交わした辰恵との結婚も、状況がこう変わると「嫌」ということにならないか心配だが、「辰恵に限ってそんなことはない」だろうと一縷の望みかけている。一七日の日記に記されているように「鶏舎の手前で声を上げて泣いてしまった」のは、その理由は記されてないが、破局の再来に対して、これまで営々と努力してそれなりの成績を上げて来た養鶏を手放す決心が背後にあるからではないか。一九日の欄外注記を見ると、鶏を売って四〇円を工面して「十七円は年賦へ」と書いている。

【昭和九（一九三四）年】

調停によって解決

1月16日「裁判所より調停期日の通知来る。調停になれば一切のこと停止するのだからしめたものだ。まあ一安心といふところだ。…」。

1月29日「…（前略）…三、調停は今年の今五俵（ママ）づつと云ふのを今は三俵づつにしてあとの二俵づつは今年の秋に。それからは元金四百四十六円を十年年賦に、と決定。四、執達吏達も無事解決したことを大変によろこんでゐた。しかしそれはそれ。虐げられたことは虐げられたこと…」。

1月31日「一、何はともかく餅搗きだ。まだ何やら心が落ちつかぬ。せねばならぬことがたくさんあるのだ。二、そくぼへ堆肥運搬。このところは近来にない多分の施肥になる。三、組合の仕入品到着したり、鯉川より酒来たり、一寸忙しい思いをした。四、豚の発育良好だ。五、仕様ない程ねむい晩だ。六、母この頃は元気がよい様だ」。

ようやく調停によって再度直面した破局は解決に向かう。「何はともかく餅搗き」である。そうなると日常の回復。たちまち田への堆肥運搬、消費組合の仕事などで忙しい。豚の発育も良好なようである。「母この頃は元気」なのが何よりである。

5 新生

破産という阿部太治兵衛家の「破局」によって、小作ながら自ら「戸主」として別の家に住むようになった時、太一は日記に「新生への序曲」と書いていた。しかしその「序曲」はなかなか終わらずに、「阿部家を建つるものは自分である」との懸命な努力と工夫が続いた。その日々を、これまで「新生への道」として追跡して来たのであった。小作農としての経営は、二毛作や畜産などを組み立てた「渦巻型」を目指しながら、次第に上昇の道を歩み始めているようであった。が、しかし、なお問題は、破産によって許嫁との関係が破談になってしまった結婚であった。太一が「阿部家」として想定しているのは「農家」であるから、農業経営の面での自立が前提であることはいうまでもないが、しかし、そのことのためにも、太一の結婚は不可欠である。法律上の「戸主」は男子個人でもありうるのかもしれないが、「家」は夫と妻の一組の夫婦があって初めてなりたつものだからである。したがって太一の「新生」を語りうるのは、太一が妻を迎えて初めてであろう。その意味で、この本では太一の結婚を契機に「新生」ということばを使うことにしたい。しかし、これまで見て来たように、これも容易な道ではなかった。そこにようやく明かりが見えて結納にこぎつけることが出来たのは、「破局」から四年目、昭和八年一一月一〇日であった。そして翌年一月いよいよ――

【昭和九（一九三四）年】

結婚

1月5日「…（前略）…親父も健在であり、まだ家計、金銭にかけては貧乏でがあるが、青年らしい潔白さのある内は消費組合の販売もやり、種豚の管理もやってゐるが、これが嫁も婚（ママ）ると私の心境はどう変化するものかと自分自身興味を以て観察している。世間の波にもまれてや丶もすれば荒みき切って行く私の心に一つの砂漠緑地（オアシス）、それは正直に云うが辰恵である。美人では決してないが、それでもある種の好感をもてるんだから縁とは不思議なものだ」。

1月6日「…（前略）…二、今日で三日の庭仕事でかなりくたびれ切った。辰恵一日手伝ふ。三、函館よりカマボコの小包を受け取る。皆狂喜。…」。

4月23日「…（前略）…最後の片付けをなす。別に結婚日らしい感じもない。母が去年から、否二三年前から婚礼のこと婚礼のこと、思ひつめてゐる精か（ママ）一寸まひした形ち（ママ）でもなったものらしい。一時頃か荷背負ひが来て、これでもう婚礼日の幕は切りおとされる。ついに嫁も来ると云ふ話。まあその辺にうろついてゐるのもバカ気だと思ひ麦田を見て来る。青々とした精気そのもの、麦の青さよ。…三三九度とか何らかの盃。等々」。

4月24日「いつも住み慣れた部屋が嫁様、仲人様方々に領せられて一寸戸惑ひの態である自分を可笑しく思った。…昨日は形式一点張りの日だったが、今日は母方の親類（寺町、藤左エ門）及矢馳方の方々も来てほんとうの宴会と云ふ感じだ。大いに忙（ママ）はしく今日の一日を過ごしてしまった形である…」。

結納から結婚へ、結納の際にはやや叙情的な記事もあったが、いざ結婚となると、「ある種の好感」という程度である。もう少しそれらしい日記を書いてほしいところであるが、三三九度の前に麦の青さに感動したり、いかにも醒めている。ただ「一つのオアシス」ということばが、それらしい気持ちを語っているだけである。従妹であり、ともに農作業なども行って来た仲だからであろうか。あるいは、本人のテレからであろうか。

村の衆米拝借

この間、債権者からの支拂命令、執達吏などの悪夢の再現をようやく乗り切った太一家であったが、しかし新婚早々、時代は農民にとって悪夢が続く。

1月6日「寺寄合ひで木村様から亦米を拝借するといふ相談、上作だ〳〵と云って借金のさいそくのために今年の暮しが立って行かぬと云ふので」。

昭和八年は、大泉村の平均反収二石六斗四升余、昭和六、七年の一石八斗、九斗の水準に較べれば「上作」だった[1]。しかしそれ以前の不作で「借金」のために「今年の暮らしが立って行かぬ」というので、「寺寄合い」の席で大地主の木村九兵衛から米を拝借するという相談である。

(1)山形県「山形縣における米作統計」一九六九年一月、二〇ページ。

養豚組合発足

3月17日「…(前略)…三、養豚組合設立総会を拙宅で催す。会するもの十名。組合長に嘉蔵、副に治郎作を推して承諾していたゞいた。まあこれで一安心といふところだ。いよいよ形式内容共に豚力(ママ)を以て」。

昨年から熱心に準備を進めて来た養豚組合の発足である。村つまり部落の仲間一〇人が太一の家に集まった。

大冷害

この年は、よく知られている様に東北地方を大冷害が襲った。阿部太一の日記ではまず、七月一三日に次のような記事が登場する。

7月13日「一、朝のうち曇りだったが、晝近くなってやっと天気があがって来そうだ。…（中略）…三、午後、どうも今年は除草はあまりこの寒さではやらぬ方がかへってよいと云ふので止すことにする」。

7月14日「…（前略）…洞谷モ兵エの中野四郎（ママ）（中野白カ）ひどく稲熱病にかかって信恵の分に傳染、幾分私のへも傳ってゐる。…」。

この後、連日悪天候の記事が続く。そしていもち病が発生する。近くの他人の田から太一の田まで伝染が始まっている。一四日の日記で「中野四郎」といわれているのは、西田川郡京田村（現鶴岡市）工藤吉郎兵衛作出の品種名「中野白」の誤記ではないか。

8月4日「一、もう土用半ばすぎて秋風の吹く今日この頃の天気だ。稲熱病に関しては皆あきらめてゐるので、そう声を大にして云ふものもなくなった。あきらめてゐる故である。二、組合の豚運動場の土入れ替をなす。夕立雨にぬれる。今日一日こんな仕事と雨だ。…」。

9月5日「一、安吉と洞谷の稗刈りをする。今日支会の村へ出す稲田多収の豫選あるといふので特にこのところをやる。晝迄出来る。…（中略）…四、稲田は洞谷の六号を出した。その批評はすこぶるきれいなれど、株がもうすこし一、二本多かったら大丈夫入ったのにとのことだった」。

支会とは興農会の村支会であろうか。太一が、多収穫競技の予選に出した「六号」とは、昨年の稲視察にも登場していた「善之尾六号」であろうか。天候不順の中で、太一の稲がこのように上位に評価されるようになったことは注目される。

政府払下げ米

9月7日「…四、今朝寄合あった。政府の拂下げ米四斗入り八円銭〔ママ〕と肥料のこと相談の由…」。

凶作の中、政府払い下げ米について村寄合の相談になる。しかし太一の家で払い下げを受けたとは書いてない。欄外注記として、九月一三日から、連日稲刈りの記事が登場するようになる。

9月13日「今日はみっしり働いた日だ。朝、そくぼの稲を見に行き乍ら草刈りをなす。谷地方面に比し頗るよい。やはり土だ。土がすべてを決定して呉れるものだ」。

9月17日「洞谷の六号刈取り。このところは大変によい出来栄えだ。こんなところは今年は珍しいのである」。

10月1日「一、…（前略）…辰恵は矢馳の稲刈りに何にかこつけても行きたく、とうとう行ってしまった。…（中略）…私はやはり久左エ門に書迄、十一本刈る。この辺は今稲刈りの盛りだったがこの寒雨で書迄で皆退却してしまった。二、お昼飯は久左エ門でご馳走になったが政府米と麦なのでひどく粗い。この頃はどこでも飯米欠乏してゐるので長四郎では今日は米調製をやっていた。今年は一体どの位あることやら」。

新婚の妻が「何にかこつけても」実家の稲刈りに行きたいとは、よく分かる話である。が、他の家に手伝いに行った太一が出された昼飯は政府米と麦の混じったものなので「ひどく粗い」と感想を書いている。ということは太一の家では政府米を受け取らなくても飯米は足りていたのであろう。そして、太一の田には「大変によい出来え」といえるところもあったようである。しかし他方、刈取ったばかりの米を早速飯米の必要から、「今日は米調製をやっていた」家もあり、今年はどの位足りるのか心配になってくる。このような凶作の中でも「土がすべてを決定してくれる」と、太一は学んでいるようである。

昭和八年に二石六斗四升余だった大泉村の反収が、この昭和九年には一石六斗七升余と記録されている(1)。実に反当で一石の減である。先にも見たように、それより前、昭和六年は一石八斗八升余、昭和七年は一石九斗二升余と凶作が相継ぎ、昭和八年の豊作にほっと息を付いたのもつかの間である。そこに米価の高騰である。

(1)前掲山形県「山形縣における米作統計」二〇ページ。

米価高騰

10月27日「二、この頃米は暴騰して先頃の廿五円より今日は米券で廿六、八〇円した由。それから糯米も景気よいといふので、父から醤油粕を買って貰ふついでに、大山の安治郎からきいて貰ふことにする。一等品なら廿七円の由。この頃では廿円もしないのであきらめてゐたのに、これは大助かりだと内心うれしくてたまらぬ」。

凶作は他面、米価を高騰させる。全国統計でも、昭和八年に二一円五九銭だった米価は、昭和九年には石当り二六円二一銭とされている。[1] それが太一のような小作農民にも、なにほどか売る米がある場合には「大助かり」という影響を与えているわけである。

(1)井上晴丸「農業恐慌から戦争経済下の農業へ」、農業発達史発達史調査会編『日本農業発達史』(改訂版)8、中央公論社、一六ページ。

作引願い

12月21日「…(前略)…四、晩寺寄合ひで四割の作引願いのことに決定した。…」。

12月23日「…(前略)…二、昼前一寸、豊田様わざ(ママ)作引の件について使者来た故とるものもとりあへず行く。三之丞も一緒に。なんと三割三分くれると貸し米の分は今年分は待つからとのこと。なんと余りによいので驚いてしまった。勇みに勇んでかへって父母にこのことを告げたら大喜びだ」。

12月29日「…（前略）…午后二時頃から堀田へ行く。…どうも堀田の奴は一筋縄では仕方ない奴で、相性合はぬから田を返したらどうだ、どうもお前は陰にまはっていろんなこと（作引のこと）を策動してゐる、よく良心に聞いて見ろとのこと。六年度作米一年に二升也を返済させたくて〳〵仕様ない故、おどして見たのだ」。

米価は上がっても売る米もない多くの小作農民には小作料の納付が苦しい。寺寄合で作引願いの相談である。それにしても地主の側もいろいろ対応が違ったようである。堀田と云う地主はどういう家か分からないが、数日前に「出鶴する堀田へ」との記事があるから、鶴岡の商人地主なのであろう。これに対して、「豊田様」が暖かい対応をしてくれて「大喜び」である。後に見るように、この「豊田様」とは、太一の歌仲間の医者の家だったようである。

それにしても「米拝借」や「作引き」の相談が「寺寄合」として行われているのはどういう事情からであろうか。かつて小作争議が盛り上がった飽海郡北平田村の争議の拠点部落などでは、小作料の減免要求は区長つまり部落長が主宰する正式の村寄合の協議事項として審議されていた。このような飽海の村つまり部落では構成員のほとんど全員が小作ないし自小作で、その大規模経営層が部落の実権を掌握しているという実態があり、また争議の対象になった地主は町方の商人地主が多いということが特徴的であった。(1) 白山も、部落の構成員はほとんどが小作だった。(2) しかし、白山を含めて西田川では、小作争議が盛り上がることはなく、このことには、農民出身の在村自作地主が点在して、それぞれに自らが居住する部落やその近在の部落の実権を掌握していたことによるところが大きかったように思う。この日記にたびたび登場する矢馳の木村九兵衛がその例である。これはあくまで推測だが、そのために正規の村寄合ではなく、寺の一室を借りて小作人達の非公式の相談事として話し合われたのであろうか。村の仕組みに関わる問題だが、説明がなく分からない。

(1)これらの飽海郡における小作争議と村あるいは部落との関係については、前掲、拙著『家と村の社会学——東北水稲作地方の事例研究——』七六一ページ以下、および、前掲、拙著『庄内稲作の歴史社会学——手記と語りの記録——』一七一ページ以下、を参照されたい。

(2)田崎宣義「昭和初期地主制下における庄内水稲単作地帯の農業構造とその変動」、土地制度史学会『土地制度史学』第73号、五六ページ、掲載の資料による。

6　弟妹のこと

【昭和一〇（一九三五）年】

正月

1月2日「…（前略）…二、年頭に行く。豊田、堀田、武藤の諸地主へ。…」。
1月17日「一、木村九兵エ氏へ小作米の搬入である。霙降る日だ。二、今年は早く出来上がって、昼迄にかへってくる…」。
1月23日「…（前略）…我が家初まって以来の良い納豆を作ったので皆大よろこびである。今度はいつもこの手でやれば間違ひはあるまいと思う」。

太一の「新生」は、前章で見たように恐慌と凶作とに見舞われた苦難の道だったが、なんとか「破局」の再来は回避して年を過ごすことが出来た。昭和一〇（一九三五）年に入って、地主への年頭の挨拶の後、木村家への小作米も無事搬入できたようである。「吾が家始まって以来の良い納豆」に喜んだりなど、今年の正月は穏やかに始まる。

村勘定

1月26日「…（前略）…二、村勘定、肥料助成金（一九日）と人夫出役代七六銭。とにかくくわしいことはわすれたから出方は六四銭で、収入は一、二〇円なり…」。

村の正月行事の村勘定である。ここで注目しておきたいのは、太一家がそのなかに数えられていることである。昭和五（一九三〇）年の四月に「村中に入っていない」ために祭りに呼ばれなかった太一家だが、その後、昭和六年二月に「村の初寄合」の席で太一家が村に入ることが出来るよう関係の深い家や区長などがいろいろ努力してくれてその条件が示されたりしたが、その場では実現しなかったようだった。それが右の記事では、肥料助成金、人夫出役代の計算のための「村勘定」には含められている。つまり村夫役には出ているのである。これまでも「水戸守の相談」などでは呼ばれていたように、正式に「村入り」が認められる前に、実質的に生産や生活の必要に関しては、太一家を含む全戸参加で運営されているのである。とすると、社会学的には「村入り」とは何か問題になる。なお「一、二〇円」とは、一円二十銭のことだろう。

弟妹のこと

1月2日三「博の徴兵適齢届が来てゐた…」。

2月8日「弥生へ嫁貰いにくる…。安吉正月休みにかへって来た…」。

2月9日「四、母馬町へ正月礼におもむく。一、安吉の件（自動車運転手の件あるため）、二、弥生の嫁の相談…」。

2月19日「…（前略）…二、今夜久茂君に行ったら、米蔵君を見る。…北海道開拓の実情をきいて、次三男をもつ父兄は大いに考へておかねばならん問題だと深く思ったことだ」。

日常の日々の合間に、弟の博に「徴兵適齢届」が来る。また、妹の弥生に縁談があり、上の弟安吉が自動車運転手の免許を取りたいといいだすなど、太一には後継の長男としての考え事がいろいろ出てくる。友人から北海道開拓の実情を聞いて、弟達の行く末を「深く思った」太一である。

なお、母が正月礼（二月だから旧正月）に行った「馬町」とは、先に述べておいたように母の実家である。正月礼が二月になっているのは、いわゆる旧暦、というよりも月遅れで正月を祝っていたからであろう。厳密に旧暦つまり太陰暦によると、毎年日にちが変わって煩わしいので、一月遅れで盆などの行事をおこなうことがかなり一般化していた。しかし地主への「年頭」は見るように一月二日に行われている。つまり「新暦」の正月である。

満州移民か自動車会社か・次三男問題

2月20日「一、国民学校、西垣喜佐治氏の講演。…二、午后前記の講演会あるといふので行って見る。一寸拓務省の満州移民の一手斡旋所といふ感じはあった。總じて農家経営なんかのことはよかった。自分は萬一、三町歩の小作農家の損のない、つまり借金しないで暮せる農家の代表になって見せるといふ強い自信は出来てゐるし、次三男の問題はもう直面してゐることなんだから考え抜いてゐるつもりだ。…」。

2月24日「…（前略）…三、安吉、先頃の手紙のことにつき、晩かへって来る。まあ今のところどっちをとればよいか見当はつかぬ。運転手は一番希望であるのだけれど。…」。

2月25日「…（前略）…安吉、…学校へ、大戸治兵エ殿より満州移民のことをきいて來、堅い決心をしたようだ。種々な家事上のことあるが、金のないのが一番困ってゐるが、いよ〳〵となれば、なんとかせねばとは思ってゐる。大体の方針は、荒町より金百円をかりること、二はワカキへ助手とその交渉、三はこ、一ヶ年位百姓奉公でもして資金をためることなり」。

安吉徴兵適齢届、満州移民についての講演など「時代」は容赦なくせまってくる。そのなかで、「自分は三町歩の小作農家」として、「借金しないで暮らせる農家の代表」になってみせるという「強い自信」を述べる太一である。

しかしやはり大きな問題は次三男問題である。太一にも、これまで北海道に行っている博、家の農業を手伝いながら農閑期には鶴岡で働いている安吉と、二人の弟がある。それぞれの賃金収入は家の経済にとって大いに助かっているのだが、いつまでも今迄のままではならないということは太一にも分かっているのである。安吉は自動車運転手になりたいと云う希望を持っている反面、満州移民との間で迷っている。なお、尋常小学校が国民学校に変わったのは昭和一六（一九四一）年四月からのはずで、ここでいわれている「国民学校」とは、加藤完治によって提唱、設立された「日本国民高等学校[1]」関連の行事だったのではないか。西垣喜佐治（喜代次）は、加藤が所長を務めた山形県自治講習所の職員だった人のようである。

(1)加藤完治全集刊行委員会編『日本農村教育』（加藤完治全集第一巻）、加藤完治全集刊行会刊行会事務局、一九六七年、一一五ページ以下を参照。

安吉自動車会社へ・博甲種合格

3月4日　「…（前略）…七、安吉、ワカキ自動車株式会社創立へ助手として入るべく金三郎さん履歴書で認を貰ひにくる」。

3月10日　「安吉へ、ワカキが駄目だったら家へかへって豚の十頭も飼って専門にやって金をためたらどうかといふ様な手紙を出した。若し自分なら大丈夫やれるといふ自信はあるけれども一ヶ年位でやめるとすればコンクリート床は出来ない…」。

3月11日　「一、今日は大方村では休日である。陸軍記念日三十年とかで盛大にやるのだそうだ…」。

3月20日　「…四、安吉一寸来て、ワカキ自動車はどうしても採用のことは見込かない（ママ）いからといふ様な意味で何とか方法を講じなければならんといふ様なことを云ってゐた。…」。

4月19日「安吉三星自動車へ顔見せに行くと云ふので、馬耕を午后は安吉に変わってやる…」。

4月21日「安吉いよ〱三星へ行くと云ふので餅三升五合位、三星、や、世話になった方々へ土産物として持参して行くべく搗く。あれやこれやでかれこれ十時頃に行く。町迄徒歩にて。…丁度お昼故公園地のあたりぶらつき一時半頃に三星へ。主人さんは一見したところ賢明な様だから安心して託することが出来ると思った。…」。

4月25日「…（前略）…三、安吉の給金二十五円の内十円は安吉持参して残十円也がちょっぴりの上納の立替でなくなってしまったのを見ると寂しい感じがする。これから秋迄家畜の飼料やその他の雑費を思うと寂しい感じがしてならない」。

5月11日「…（前略）…五、博。甲種合格とのこと」。


この間、弟安吉の自動車会社への就職の件の記事が連続する。世話になった人に進呈するべく餅をついたり、会社迄ついて行って経営主に会って安心したり、まるで子供の就職のようである。これはむろん弟への愛情によるのであろうが、客観的には次三男の就職問題が厳しい現実があるためであろう。ただ、自動車会社の「助手」の給金は安く、「上納」つまり納税二円四一銭を払うと、[1]家計に入る分が僅かで「寂しい」感じでいる。「陸軍記念日三十年」を「盛大に」というのもこの時代を物語っている。やがて、下の弟博が「甲種合格」との連絡が来る。すでに述べたように、太一自身や上の弟安吉は丙種で、徴兵を免れている。

(1)この「上納」なる表現が納税であることは、田崎宣義「小作農家の経営史的分析」一橋大学研究年報21、一九八二年、二四四ページ、による。

飯米不足の家への県補助

4月26日「…（前略）…六、寄合あって、世帯状況調べで飯米不足の分、村で（縣）なんとか世話をしてくれるらしいので六月から十月迄五ヶ月間の分一石づつ不足すると云ふ書き上げをやる」。

4月30日「…（前略）…二、藤島分場へ行くことにしてゐたので天気も大したことあるまいと思って出発する。例の気温調査のことなのである。十時迄待ってゐて今日の分を記入する。今春快晴つゞきだから午后十三度以上はあるものか？と思っていたら十二度〇三三であった。とにかく平年以上の好気温であるわいと思ひつゝかへる。…」。

村の寄合で飯米不足の家に県から補助が来ると云うのでその氏名を書き上げる。昨年の不作で小作人の多い白山では、飯米不足に悩む家が少なくなかったのである。藤島の県農試の分場に気温調べに行っている。その後、昭和五一年までの「五十五年間の記録」がやがて太一の著書として刊行されることになる。(1)

(1)前掲、阿部太一『稲作豊凶の予知はできないか――55か年間の気象観測の記録』農業荘内社、一九七七年。

労働に自信ない・が「一番よい稲」

5月28日「高前田搔。一日で一割やっと出来る有様なり。どうも下手で困るもんだ。一体に農事に、つまり実務（労働）にかけては人並以下の技能しかないのを淋しく思ふのである。自信がないのだ」。

8月13日「…（前略）…午后高前彦太郎稲の雀追ひながら稲見をしてくる。…どうも先頃市郎君の発見した様にソツ穂（？）が出て困る。比較的大国早生、六号系統がどうも見える様なり。彦太郎、一本糯陸羽玉ノ井それから善ノ尾三号晩玉ノ井も少々見える当（ママ）にしている…」。

9月16日「一、荒田を刈る。一番よい稲？と多少自慢してゐる。この稲のよさよ。腕もたわゝになびき伏す□(不明)稲を見ては豊作の有難さを感ずる昨年は八十一本のところ八十八本を刈る。二、今日は矢馳木村様の検見にて、豊作祝ひのお酒肴をいただいて、村人の酔ひ歌ふ声がこゝにゐても間近にきこえる」。

太一が稲作に関して珍しく弱音を吐いている。しかしそれは肉体労働に関してで、やがて稔りの秋になると、「一番よい稲」とわれながら自慢したくなる。木村九兵衛が豊作祝いで小作人に一杯出したようで、このあたりの在村地主の小作人政策が読みとれる。「ソツ」穂（と読めるが）とは稡穂つまり不稔の穂のことか。

消費組合総会作業場で

9月4日「一、午后消費組合の總会を作業場にて催す。…」。

太一が以前から取り組んでいる消費組合は着実に運営されているようで、総会開催である。しかし太一の家の作業場で総会開催というのでは、かなり少人数の集まりで、村あるいは部落の中でどの程度の参加を得ているのだろうか。

博徴兵抽選番号・安吉自動車学校

8月28日「三星自動車より安吉の見習住込の約定記書□□(不明)来た故それを書きうつす」。

9月6日「…（前略）…二、安吉の件についても、自動車学校へ入学させようとの計畫たててゐる」。

9月19日「今日、博の徴兵抽選番号通知に接す。甲、歩兵第六十七号なり。母はまさか入営となれば何かしらうろ〱態度になってゐるし、親父は一体思ってるものやら余深く身の将来なんかを考へてない模様だ」。

弟達の徴兵、就職で太一は大忙しである。上の弟安吉は自動車会社就職のために、自動車学校に入学して運転技術を身につけることを希望している。この時代自動車の運転技術はかなり稀少価値のある技術だったはずであり、それを身に付けて就職しようと計画しているわけである。他方、下の弟博には徴兵抽選番号が来て、母は「うろ〳〵」である。

二人の弟への配慮

9月24日「…（前略）…安吉、三星から逃げてかへって来る。朝早く。まあ仕方ないといふところだ。かうすれば学校へ行くより他にないときめる」。

10月7日「…（前略）…安吉は亦々出羽会社へ一寸。そして亦夜も行く。三、今日は思ひ切って三星自動車屋へおもむく。食費の件にて少々角張った話しをもしてしまったのだ。まあ仕方がないさ」。

10月11日「…（前略）…二、出羽の自動車会社より至急入社しろとの安吉への通りだった（ママ）」。

10月12日「一、安吉出羽自動車会社へ正式に入社すること、なる。二、佐川、三星へ。例の一件を取りきめるために出鶴。佐川氏は食費の他に附託として廿円も出さねばなるまいといふ様な希望だったが、そんな馬鹿気た話ってない。三、三星へ金円借用書五十円也を入れるが、これ亦実にばかばかしくて…亦もう少し横着にかまへて下書のみ貰って来ればよかったのに父にも見せず判を捺して来たことが大変苦になって〳〵しようなかった。これは後で思ひついたこと。…（以下略）…」。

上の弟安吉の自動車会社入社、それから自動車学校入学の希望をめぐって、太一の心労は続く。いったん住み込みの助手として入社した三星自動車からなぜ逃げて帰って来たのかは、とくに記述がないので分からない。しかしそのことで「食費」等で五〇円もの借用書を出すことになり、太一の心労はさらに重なる。

10月29日「…（前略）…三、役場へ博の現役兵証書の交付にあずかりに行く。…山形聯隊の入営なり。四、午后出鶴、出羽へ。安吉に食費の件もあり、村山へ。安吉世話になった礼として鯰少々持参」。

11月29日「一、博かへるといふので、晝前から鶴駅へ行く。入営兵で雑踏おびただしい。一時直行にて来る。安吉とも逢ひ貨（ママ）切りて一路家へ。二、父母の待つ家へ久々に帰って来た弟だ。今更乍ら函館での厚意に対しては実に涙ぐましいものあり」。

この年の日記には、安吉と博という二人の弟への心配り、世話、についての記述が連日のように現れる。それぞれ徴兵検査、就職という重大事があったので、肉親の弟への愛情からといえばその通りであろうが、ただそれだけでなく、しばしばかなりの出費を伴うこともあり、家長としての太一の役割認識を見ることが出来るのでなかろうか。鶴岡駅は入営兵で雑踏である。

倉庫への米入庫

11月8日「水沢へ入庫すべく準備をする。十俵をつけて出発したが、仲々（ママ）遠いものだった。どうも今日は運の悪い日でもっとも米の悪いのと目方も少しない故（十六〆八百匁）まはさせられたらバカ気たことに一升四合も不足になった。バカ〳〵しいことおびたゞしい。もう一俵の奴は一升二合だった。で、十俵で、一斗二升かっちり（不）足米となる。つまらぬ目逢ったと思ひつゝかへる」。

ここでいわれている「水沢」とは、羽越線の羽前水沢駅前に開設された「水沢倉庫」であろう(1)。この倉庫は、収納した米に「米券」を発行する米券倉庫であった。地主の誰かが、小作料を米そのもので納入するのではなく水沢倉庫の米券で納入するように指示したためであろう。庄内地方には、酒田の「山居倉庫」、鶴岡の「鶴岡倉庫」という二大倉庫があり、それ等が発行する米券は、全国的に信用のある有価証券として流通していた。日記に記されているように、入庫の際には厳しい検査が行われ、それがこれら倉庫の米券の信用を支えていたわけである。目方が少しないので「まわさせられた」という意味は分からないが、他の俵の米と量目を均されたという意味であろうか。なお「〆」

とは貫つまり一〇〇〇匁、約三・七五キログラムである。

(1)山居にも鶴岡にも属さない水沢倉庫の設立事情については、上郷の郷土史をつくる会編『上郷の歴史』上郷地区自治振興会、一九九三年、三九六ページ以下、を参照されたい。

【昭和一一(一九三六)年】

博入営

1月4日「…(前略)…四、役場で博へ山形迄の旅費をくれるのに本人行く。
　汽車賃三、一二四
　宿料　一、七〇四　」。

1月8日「一、いよ〳〵入営日なり。…祝入営旗の庭にはためいてゐるのも、吾家初まってからの大慶事故実に愉快でたまらぬ。大いに肩身を広くしてもよい…二、昨日の猛吹雪で、ダイヤが大狂ひにて十一時近く発車する。三、鶴岡駅まで同車して別れる。…五、見送り人を粗宴乍ら招待して、大ひに歓談盡きるところを知らず、といふところであった」。

1月21日「…(前略)…三、博より来信、先日の写真はついたが、どうも軍隊は身に合はず、軍隊で飯を食ふなどの気分はもうない、とのこと。その他、だら〳〵の愚痴ばかの書面なり。一寸期待が外れたががっかりした気持ちになる」。

弟博はいよいよ入営、家には日章旗が掲げられ、先に見た昭和七年の安吉の徴兵検査ではむしろ醒めた受け止め方をしていた太一も、この時期になると「我が家初まってからの大慶事」といささか興奮気味である。やがて戦局が厳しくなると、軍事機密で華やかな送り出しは禁止されるようになるが、この頃はまだ「旗の波」だったようである。ところがそれからわずか二週間程で博から「軍隊は身に（性に?）合わない」との手紙。それはそうかもしれないが、この時代随分呑気な軍隊観で、要するに次三男が「飯を食う」場としての軍隊という認識なのである。太一家の軍隊観はそんなものだったのであろう。

4月19日「…（前略）…二、博、検閲休暇にてかへってくる。のらくら二等兵なり。まあ昇っても精々一等兵しかなれまいて」。

4月20日「博、たらふく食って、十時廿二分の列車でかへる。この男遠くはなれてゐると立派に見えるが、まさか来て見れば呆然たるを得ない態度なり」。

「昇っても精々一等兵」などと、緊迫感のないことおびただしい。昭和一一年、日中戦争が始まる前の状況認識である。

養豚組合

1月16日「思い立ったが吉日といふ理で郡農会へ豚組合の補助申請書を提出すべく久茂君とひるまでかかってでかす。…」。

1月22日「…（前略）…養豚組合にて原田先生来村を機として新種豚を見て貰ったら、生産仔豚及牝豚には、大に賞賛の辞をたまはった。で、原田先生を囲んでの粗宴をやる。…」。

3月12日「…（前略）…二、…組合長宅にて。市郎、治郎作の欠席にて皆集まる。大泉養豚組合設立の件も、佐藤先生と協議するところありたり。…」。

昭和八年秋頃から、協同組合運動の手始めとして豚の共同飼育を始めようと畜舎の建設や出資金徴収を始めていたが、ようやく準備が整って、郡農会に「豚組合へ補助申請」を提出する段取りになったようである。「久茂君」を始め部落の仲間たちと進めて来た共同養殖の試みだが、組合長には結局誰がなったのだろうか。原田先生については、どういう人か分からないが、「粗宴」をともにしたのだから、この企画の指導者だったのであろう。そして範囲を行政村までひろげて、「大泉養豚組合」を設立しようと相談している。「佐藤先生」という人物については分からない。

村入り

2月7日「…（前略）…四、今日、太郎左エ門、つまり白山神社会計人に村会加入金十三円（先に七円）を納金する。まづ完全に村会に入ったわけである」。

阿部太治兵衛家が破産・解体した後、そこから分離独立した阿部太一家は、先に見た昭和五（一九三〇）年の日記にあったように、「村に入っていない」のだった。そのため、村祭りにも参加できないのだった。ところが、それから六年経って、この年、神社会計人に加入金を納めて、一軒前の家として「完全に」村に入ることができたのである。太一の「家」の「新生」は、名実共にここに実現したということができよう。しかしそれにしても、ここで「村会」（「どう読むのか?」）といわれている表現が気になる。庄内の他の村つまり部落では、この言葉は聞いたことがない。むろん行政村大泉村の村会（ソンカイ）ではない。

読売新聞購読

2月12日「…（前略）…今日より読売新聞来る。一ヶ月のつもりなり」。

8月28日「…（前略）…四、読売新聞を今日からとる」。

読売新聞という全国紙を一般の農民が購読することは、それほど普通のことではなかったのではないか。だからわざわざ日記に記している。おそらく二月に勧誘員に勧められて初め一ヶ月の予定で試しの購読をして、後に本格的に取ることになったのであろう。このあたりに太一の「知識人的」性格を見ることができるのかどうか。

衆議院選挙「處女投票」

2月20日「一、選挙日なり。二、とにかく投票して来る。處女投票の尊いところだ。三、自分は松岡俊三に入れた。誰がなんと云っても自分では良いと思ったから。たゞそれだけ。…」。

衆議院の選挙権は、大正一四（一九二五）年に納税条件が廃止され、二五歳以上男子による「普通選挙」となっていたはずであるが、太一は明治四〇（一九〇七）年の九月一三日生まれ、この前の第一八回総選挙は昭和七（一九三二）年の二月二〇日に実施されていたのでまだ選挙権がなく、この第一九回総選挙が「処女投票」だったのである。松岡俊三とは立憲政友会所属の代議士で、雪害救済運動などに取り組んだ人である。

内閣のお歴々暗殺

2月26日「…（前略）…三、今日東京で内閣のお歴々が暗殺された。その号外で米相場も休会であった由…」。

二・二六事件である。「君側の奸」を排除して天皇親政を実現しようとしたクーデターは失敗したが、軍部主導によって戦争への道を突き進む一契機となったこの事件も、太一にとっては「米相場」の問題だった。

消費組合と養豚組合

3月29日「…（前略）…三、今晩、消費組合の役員会を組合長宅にて催す。今後の方針はかなり困難なもので。四、養豚組合の収支予算書を久茂君と作成する」。

3月31日「一、みそにの準備をする。晝迄、久茂君宅にて豚組合の補助申請書を二人にて作成したり消費組合のことなんかをも調べる。…七、郡農会へ補助申請をやる。（佐藤先生へ）…」。

どうやら久茂君と太一は意見の合う仲間だったらしい。消費組合も養豚組合も一緒のようである。養豚組合の農会への補助申請を、前から進めて来たが、いよいよ具体的な申請書作りになったようである。前にも名前が記されていた佐藤先生という人物については分からないが、ここでの文脈からすると郡農会の人なのだろうか。他方の消費組合はなかなか難しそうである。

勇躍して種蒔き・養豚組合不如意

4月21日「勇躍して今年の種蒔きだ。千萬石もたなころ（掌カ？）にあるこの種子だ。朝嵐の風少々あり。九時頃迄に終わる。今年は坪芽出しで五合播きにする。近年はどうも薄くていけなかったので。二、父、米売りに。養豚組合の方、会計トント不如意に付、八右エ門田の方の米券を拝借に及んだのである。…」。

今年の稲作を夢見て、「勇躍して種蒔き」である。しかし養豚組合の方は「トント不如意」で、どうやら父に頼んで米を売ってもらってその米券を借りたようである。

早苗振舞

6月2日「一、今日より、田植えをする。…」。

6月16日「一、早苗振舞の初日なり。朝からそろ〳〵乙女達が拙宅につめかける。餅を搗いて。…三、父、水戸守衆へ、私は馬使ひ衆へ。云へば失礼だが、何等の教養のない若者の無作法さを見せつけられる。四、夜更けて、座敷はいよ〳〵たけなはとなって馬使い、水戸守衆の一部が雪崩れをうって殺到して来た。おまけに藝者も来る。と云ふさわぎ。三時頃迄さわぎまはっていた。一寸は寝たけど起きてゐた。若き女と男、必然的に芽生えべき（ママ）は恋のさゝやきであろう。節の「土」のある描写そっくりだ、と思ったことだ」。

六月二日以降、田植についての記事が連続するが省略する。田植が終わって、村の早苗振舞になるが、その時の大騒ぎの様子が面白いので紹介しておこう。「水戸守」はその家の水管理の責任者、「馬使」は馬耕など馬を使う仕事の担当者、とこういえば味も素っ気もないが、多くそれぞれの家の若者達、時には若勢達が担う役割であり、庄内ではただちにイメージが浮かぶ言葉である。村つまり部落によって具体的な行事は多少差はあるようだが、いずれにせよ酒を飲んで大騒ぎをする。白山では芸者も呼んだようである。長塚節の「土」に言及するあたりさすが太一である。

豊田博士

6月29日「…二、亦々重大事の突発。今度は、豊田で作右エ門、伊右エ門の田を売却する由をきゝ、對岸の火事視するわけには行かず（秀穂博士の病臥により売却の由）、見舞いがてらに行く。武常名は持ってゐる由なれど場合によっては売却してもよい様のことを云ってゐるので、亦々出鶴、他のことと異なりこれは仲に入って貰ふ人の必要を感じ白幡正吉君より内々の意志をきいて貰ったら売らぬ由だった。ぢかに行かずによかったとつく〴〵思ったことだ」。

8月1日「…（前略）…かへってすぐ豊田秀穂博士葬儀に行く…弔歌を実は和田□□（不明）氏より朗詠して貰ふと思ったら、彼は自分の歌は自分ですべきであると云ふので勇を鼓してやってのける。歌はともかく態度は少々変だったたと自分乍ら思ったことだ。…

　鶴の如ゆかしき大人はとりが啼く吾妻の因に今はあらずけり
　よき仁はついにかへらず今ははや清き山河を往きつつあらん」。

六月に病気により田を売るという話を聞いた豊田とは、どうやら歌仲間の人だったようである。そういえば、昭和九（一九三四）年凶作の年の冬、暖かい対応をしてくれた「豊田様」とは、この豊田秀穂博士の家だったのではないだろうか。その人が亡くなって、太一は歌仲間として弔歌を捧げたのである。

安吉運転免許受験

7月14日「…（前略）…三、午后安吉来たりて十六日運転受験に行かねばならぬもの故金を貰ひに来る…今日、山形に出発する由」。

7月17日「…（前略）…四、安吉晩に来りて、運転受験の模様を報告に来たが、どうも失敗した様な次第なり。一回ではとてもパスは出来ないことだ、とは思ってゐたのだ」。

弟安吉が自動車免許を取るべく受験したが、なかなかうまく行かない。

同志の豆会

8月28日「…（前略）…三、今夜久茂君宅にて同志の豆会を催す。会するもの…（以下、久茂、太一を含む一一名の氏名列記）。…」。

この八月二八日の記事にある「同志の豆会」なるものがどのような会であるか、説明がないので分からない。列記してある名前のうち、久茂は太一とともに、消費組合や豚の共同飼育などで度々登場する名前であり、そのような実践の「同志」であろうか。先に昭和六（一九三一）年の日記に「研究会の月例集会」という集まりが登場していたが、この会は、医師であり、文化人だった星川清躬の影響下に結成されたものと考えられた。そして、この仲間で連枝の富樫直太郎の経営を視察して、太一は「渦巻型増殖」を実践しようと思い立ったのであった。その時は「大泉村文化研究会」という名で「会するもの四名」とされていたが、その時の四名のうちここに記されている名前で同じなのは、太一と久茂だけである。ここに列挙されている名前は一一名でかつての月例会に「会するもの四名」より多い。だから、この「同志の豆会」が、先の「大泉村文化研究会」の延長線上にあるとは考えにくい。この「豆会」は、大泉村の組織ではなくて、部落のなかの若者達の有志集団ではなかろうか。ここから先は全くの想像になるが、かつての研究会が、星川清躬という文化人の影響を受けた、その意味でやや理論的ないし思想的性格のグループであり、したがって行政村レベルで結成された集団だったが、その後四年程たって太一等の畜産の共同や消費組合の実践が理論や思想ではなく、目の前の実践として部落の中の若者達の同感を得て、「同志」が集まるようになったのではなかろうか。「豆会」という名称は他にも使われており、特定の会の名称ではなく、小さな会合という意味の普通名詞のようである。所が白山なので「ダダチャ豆」を食べながらの会でもあったのだろうか。それにしても、この「同志の豆会」は、右に推測したようなものとすれば、水稲単作地帯のなかに畜産を含む複合経営と共同組合という新しい方向を目指そうとしている動きとして、注目されるのである。なお、ここには、産業組合という発想は示されていないが、庄内平野でも東田川郡や飽海郡などでは国家的政策の影響下に産業組合運動が展開する時期であり、白山における以上の動きも時代的動向の一端に位置づけられるのかもしれない。(1)

(1)庄内における産業組合運動については、とりあえず、拙著『庄内稲作の歴史社会学』御茶の水書房。二〇一六年、一二四ページ以下、を参照されたい。

戸主総会と婦人組合

8月31日　「戸主総会なり。馬肥出しをやり、威銃当番でもあったので、その辺で二、三発をやって学校へ行く。

県田村経済部長の『郷倉と伍人組制度に就いて』のお話しをきゝに行く。二、婦人組合にて畑視察やり、豆会にて歓談をつくした由…」。

川北飽海郡北平田村の事例では、庄内地方において「戸主会」という会合が開催されるようになったのは、大正期、地方改良運動との対応においてだった[1]。この記事にある「戸主総会」も、大泉村の学校で開催されており、県経済部長の講演があったようなので、おそらく従来からの部落の寄合いではなく、右の北平田村の事例と同様、上からの行政指導によるものだったのであろう。時期から見て農山漁村経済更生運動の一環であろうか。他方、同じ日に開催されている「婦人組合」という集まりが関心を引く。右の北平田村の事例ではそのような話は聞いていないが、内容は畑視察とのこと、水田単作地帯の庄内では畑作は主として女性の担当になっており、そのことを反映した行事内容ということが出来よう。なお、「威銃」とは「おどしづつ」と読むのだろうか。鳥追いのための爆発音をさせる器具だろう。

(1) 拙著『家と村の社会学――東北水稲作地方の事例研究――』御茶の水書房、二〇一二年、七九九～八〇五ページ、を参照されたい。

稲刈

9月17日　「一、今日ようやくはれる。洞屋刈取。父と私は書迄稲かけをする。書飼は一寸暑すぎる位の快晴なり。二、晩安吉来る、米と衣服の件にて。三、郡農会長差出にて、来る廿一日県主催の小作米標準等に関する協議会に郡農会代表として出席してくれとの報に接す。三、民恵帰へる。杉を一本購ふべく五円をやる。製板にするべきもの也」。

９月30日「一、そくぼの杭掛けを。弥生は高畑の山形十号を刈取り。辰は穂拾ひ一日。二、午后、荷車のこわれを修繕したり豚のものを買ひに、その他の用件にて出鶴する。三、つまり今日の畫迄稲刈はかゝってしまったわけなり。總刈束三千百七十五束也。十年度は三千八百七十四束也。差引九十九束不足せり」。

九月は稲刈時期で忙しい。月末迄かかったようである。妹の弥生、妻の辰恵も稲刈や穂拾いである。杭掛けは太一だろうか、男の仕事である。また郡農会長からの来信は太一を見込んでの依頼であり、この頃になると太一は西田川の篤農家として知られるようになっていたのであろう。民恵と云うのは嫁いだ妹である。稲刈の手伝いに来ていたのであろうか。杉材を買うべく五円を渡しているが、嫁いだ妹まで太一におねだりをしている。

豚舎建設

10月26日「いよ〳〵豚舎建築をやることにする。で、コンクリは粂治郎からやって貰ふべく大山へ。駅前にはゐなかった故、向ふまで。…」。

10月29日「…（前略）…二、今日は山五十川へ豚舎の材木を買ひに行く。天気はよし日は良し。九時に出発して十一時半頃にはつく。…三、砂利は今日六屯車来るし何か大ふしんでもありそうで、仲々（ママ）景気がよい。しかし立派な畜舎を建てると実績があがらぬと云ふ世評を一蹴してやるとの意気込みでやるつもりだ。建築費も仲々（ママ）かゝるものだ。…」。

10月30日「…（前略）…五、セメント、型枠の運搬を、女衆と私。…七、博へ、豚舎建築代五十円かしてくれとの手紙を出す」。

これはおそらく養豚組合の設備ではなく、太一個人の豚舎であろう。「世評を一蹴」する意気込みで立派な施設を建てたようで、したがって費用もかかり弟に費用の借金を頼んだりしている。山五十川（やまいらがわ）とは、西田

川郡温海村（後温海町）の大字名、現鶴岡市。

稲作研究入賞

11月24日「一、今日も休みとする。品評会授与式を午后にやるといふので。…二、稲作研究へ出品のものが、三等に入賞。藺草加工品が二等に入賞してあった。研究ものは来年こそは、といふ意気で一杯になってゐる」。

この品評会では、「稲作研究」の部で、太一の工夫と努力が評価されたもののようである。ますます頑張ろうと決心する太一である。

米価下落・家屋敷代金

12月2日「…（前略）…二、大山倉庫へ、四等はよいとしても、□(不明)りであったのには閉口する。今日の米値段は大下落で四等切符なら廿五、五円の由。三、馬町へ、去年お願ひしてゐた家屋敷代金六百五十円の件につき矢馳の家で不承知の案分（三人にて二百十七円づゝ分けたもの）の部、百円のみしかださぬのを、相談に行く。叔父は大いに怒って、少し無理なことをしてやるからその由を矢馳へ伝へる様にとのこと。…」。

米価下落のところに、かつての家屋敷分割の際の分担金について蒸し返しが出て来て、困惑している太一である。□(不明)としたところの字が読めない。「女へん」に「扇」と書いてあると見えるが、そのような字は辞書にはない。

年末・家の経済決算

12月14日「一、今日ある米は飯米をのけて四等米は座敷へ五十七俵と台所へ六俵、計六十三俵あり（二五石二斗也）、先頃の三石で二八石二斗也。つまりこれで、小作料はたくさんなつもりなり。明日から稲はもう千百五十束位だが、肥料代四百円、博の保険料三五円、自転車屋へ四十円、馬町へ二十五円、母の保険十二円、大工へ九円、条治郎へ九円、計二百三十円也。内五十円と九円は五十九円。差引百七十円也。一升六合と見て十八石五斗　現在ある飯米は九俵、二番米七俵、これから出るもの五俵　計廿一俵…」。

この一二月一四日の計算は、年末、家の経済の収支決算であろう。詳細については分からないが、一家の家長としての太一の家計のやりくりの苦心を示している。「座敷へ五十七俵、台所へ六俵」等の表現は、その通りで、蔵を持たない太一家では座敷や台所に米俵を積むしかなったのであろう。また飯米に二番米が算入されていることも、小作農の家計として見逃すべきでないであろう。

12月17日「…（前略）…二、父は一日雑魚とりに、女衆は午前は菜種へ自家の人糞尿かけ、午后は休日の由。四、作徳米を納入して来る。

大山藤兵エへ、二石〇四升（四等）

豊田へ、昭和六年の借米一斗五升（皆済）

他に、格差一円八銭

柳田へ、九石五斗七升六合（四等）

大滝へ、三石八斗七升四合（四等）

堀田へ、二石〇〇一升五合（四等）

昭和六年借米一斗二升六合（利共）支拂　」。

この日の日記は小作料の支払い記録である。不作だった昭和六年の借米の返済分を利子ともに支払っている。太一の経営もようやくそこまで来たということであろう。この日の記事でもう一点注目しておきたいのは、「女衆…菜種」と畑作は女性の仕事になっていることである。この種の記事は他にもたびたびでてくるが、水稲作地方で田の面積は大きいが畑は狭く、ここは菜種であるが、多くは自家用野菜をつくっている畑作は女性に任されているのである。

作田諸事一覧表

実は翌昭和一二年の日記の末尾に「作田諸事一覧表（昭和一二年一月三日調べ）」という資料がある。次の昭和一二年の最後に紹介するべきなのかもしれないが、それぞれの地主に支払った小作米の額は、右に見た昭和一一年年末の記事と一致するので、内容的にはむしろ昭和一一年の「作田諸事」を示していると見られるので、ここに紹介しておくことにする。先に見た昭和五年の「作田諸事一覧表」と較べてみると、それぞれの田地の「字名」、「小字名（俗称）」、「地番」、「台帳面積（反別）」、「実面積（実測面積）」はほとんど一致している。地主名もほぼ一致し、支払った小作料もほぼ一致する。つまり昭和五（一九三〇）年から昭和一二（一九三七）年まで、太一家の小作地経営はほとんど変わらなかったのである。ただ昭和五年に設けられていた「渡口」という欄が無くなり、代わりに「賃貸価格」という欄が設けられている。この「賃貸価格」という数字を太一は何によって得たのか、不明であるが、他方の「渡口」とは庄内独特の「俵田渡口米」を指しているのであろう。先に見たように、この用語はその理解に見解の対立はあるものの、特定の田地について歴史的に「民間実地の上の定め」として定められてきた高であり、この時点では小作料の高を示すと考えてよいであろう。その記載がなくなったということは、昭和期に入る頃にはこの慣行が薄れてきて、「小作料」欄に記されているような個別の地主と小作人との間で決定された小作料額だけが通用することになっていたということであろうか。そこに、飽海を中心に大正期に燃え盛った小作争議[1]の影響があるのかどうか、興味ある論点であるが、著者には現在のところこの問題に解答を与えることはできない。

⑴前掲拙著『庄内稲作の歴史社会学——手記と語りの記録——』一七一ページ以下、を参照されたい。

表-2　作田諸事一覧表（昭和12年1月3日調）[1]

字名	小字名	地番	台帳面積		実面積		賃貸価格		地主名	小作料	備考
			畝		畝		円	銭			
西木村	荒田	81	22	29	26	19	45	93	豊田	2石5斗5升	
西木村	高前	21	46	02	48	205	128	98	木村庄之助	4石6斗01合	
西野	役場後			20		22			木村庄之助	この二口	
嘉右衛後	〃			18		18			木村庄之助	1斗4升1合	
西木村	高前	22	20	14	21	22	57	30	大滝		
東木村	大山割	49	13	03	17	9			大滝	3石3斗6升	(2斗増・揚水機7升4合)
嘉兵ノ後		苗代			3	00				3斗	(2斗増・揚水機7升4合)
										計3石8斗7升4合	
東木村	大山割	50	34	13	41	17			柳田	3石2斗5升	
興屋	そくぼ	20	31	24	33	27			柳田	3石2斗5升	
鍋建	高畑	39	2	08							
〃	〃	40		18							
金光寺	川向	64	3	15							
西野	苗代		6	9							
東京田	洞谷堰向		3	14							
〃	洞谷	20	2	03							
〃	洞谷	21	4	16	以上四口				以上八口		
		26	2	06	12	09			柳田	3石	
										合計9石5斗7升6合	(7升6合は揚水機費也)
高畑					21	05	(他に畑廿一歩位)		大山	2石04升	
高畑					26	27	(外に畑三畝位)		木村九兵	2石2斗9升5合	
東京田	洞谷	23	9	23	この二口		1石	085	この二口		
〃	〃	24	8	11	18	04	0石	93	堀田	2石01升5合	
苗代	後				50坪				甚四郎	2斗2升5合	
苗代	後				50坪				清右エ門	2斗7升5合	
畑	川中				2畝位				与惣右衛門	1斗5升	
畑	北畑				2畝				久左エ門	1斗5升	
畑	学校際				2畝				本家	1斗4升5合	(7畝1俵として)
苗代	(八郎右衛門)		3	26			5斗8升				
									計	27、91石	

(1)阿部太一資料、昭和12年日記末尾に記載されている。原資料は縦書き、数字は漢字で書かれているが、この表は、横書き、算用数字で表記した。
また、理解の便のために、若干の記載の削除、あるいは加筆を行っている。

【昭和一二（一九三七）年】

寺寄合・作引願の相談

1月7日「…（前略）…四、今夜寺寄合ありたり。今年は（十一年度）十年度に比して一割五分の減収故、作引もして貰うところなれど、他村ではそんなことはきかぬ故せめて貸して貰ひたいとのことに一決す。五、美香の七歳の祝ひをやる」。

この年も寺寄合で小作料の作引きの相談である。結局「せめて貸して貰いたい」との結論になったようであるが、ここ白山では小作料の件は「寺寄合」で協議する慣行になっているようである。なお、この日の日記で「七歳の祝い」といわれている「美香」とは、昭和六年三月生まれの太一の末の妹である。

九左エ門の主人逃避行

1月12日「久左エ門の主人逃避行をやったとのことをきいてびっくりしてしまった。久茂の今後にのしかゝる重大問題を考へる時、その傷心たるや実に思ひやられる。昨日の大声で男泣きに泣いたのは久茂であった由。貧乏してみて初めて世の中が判るものだ」。

1月17日「晩、久茂君と豚組合の会計整理をやる。とはいうもの、先ず彼の一大問題の件で、その話のみをする…」。

1月26日「…（前略）…六、久左エ門にては目下大相談中にて久茂、福島の親父さんと逢って今日かへって来たとのこと…」。

1月28日「…（前略）…二、豚組合の調べを、久茂君とやる。差引き四十円程の借り分になっているが。さてどう切抜けて行くべきか。三、午后には消費組合の清算。とにかく二ツの組合を一気に取りきめてしまってゆっくりする。丸一日、これにかゝって少々頭がいたむ。四、今日限り消費組合は販売を停止する。…」。

これまで組合結成などで太一と行動を共にして来た「同志」久茂君の家が危機に陥った。その具体的事情は分からないが、父親が夜逃げしたのである。「久左エ門」とは、久茂の家の屋号であろう。破局の経験者太一にはその苦悩がしみじみと思いやられる。そのこととの関係は判らないが、豚組合と消費組合の清算をする。豚組合は四〇円ほどの赤字で、どうしたものかと今後の方策に頭を悩ませている。また消費組合の方も思わしくなかったようで、今日かぎり販売停止とする。庄内においてこの時期、東田川郡や飽海郡では、在村の自作地主を中心に産業組合などのこころみが行われたことは先に拙著で紹介したが、[1]この白山での組合のこころみは、太一や久茂など若者、しかも小作農家の取り組みとして行われたことが特徴的であり、村中の賛同、参加の動きが見えないところが問題なように思う。しかしそれは何故だろうか。木村家などの在村地主の地域への各種貢献がかえって農民達の自主的な取り組みを困難にしたのだろうか。このあたりの在村地主達には、「組合」という発想はなかったようである。

(1) 前掲、拙著『家と村の社会学――東北水稲作地方の事例研究――』七八八～七九一ページ。および、前掲、拙著『庄内稲作の歴史社会学――手記と語りの記録――』二二四～二三六ページ。

物価乱高下・内閣総辞職

1月13日「…（前略）…七、十一年度産米では今日がもっとも高値の由が新聞に見える。三等鶴岡切符二七、九〇円也」。

1月23日「この頃までは廿八円（四等切符で二七、五円）四等正米であったのが、議会解散？の声で大暴落したので、この上亦々下られてはと思ったのが極めてしまへば仕方ないものだ。（四等切符二六、五円位にて）」。

1月24日「…（前略）…四、内閣総辞職とかで新聞のにぎ(ママ)はしいことおびただしい。」。

1月31日「一、朝っから消費組合の集金へ。集金にまはってみて初めて人の心も判るといふもの也。しみじみ村も随分貧窮してゐるといふ事実がはっきりと判った。ずるいのは百姓に限ったことでもあるまいが、どうもずるいなあ。晩迄びっしり豚組合の集金もかねてさわぎまはったので、くた〳〵につかれ切ってしまった。…」。

2月3日「一、小学校で青年団主催の中堅青年講習会あるのでたゞ起きたり寝たりの日課もつまらぬと思ひ、拝聴するに行く。二、新屋敷実行組合長長南七右エ門氏の講話、並びに皆川村長のお話しでありたり。前者の趣旨は報徳訓、後者は経済更生の具体的方法等なりき。三、午后は別に大したこともないらしい故、例によって炬燵へ首迄と云ふところ也…」。

2月8日「…（前略）…四、消費、養豚組合の相談会をせねばならんのも自分一人なのでホト〳〵閉口している」。

2月13日「…（前略）…五、養豚組合の臨時総会を拙宅にて。一、牝豚を□□(不明)へ管理たのむ。二、仔豚の宣伝、その他」。


物価が乱高下し、政局動乱である。政治について太一の日記には、「新聞がにぎわしい」としか書いてないが、しかし消費組合の清算で村を回ってみてしみじみと「村の貧窮」を感じている。また、同志の久茂の家が困難に陥った状況で、豚組合の今後どうするかが差し迫った課題になっている。青年団主催講習会で長南七右衛門の話や村長の話を聞いたが、あまり感銘は受けなかったらしく、午後は家に帰って「炬燵に首迄というところ」である。一月二四日の記事に「内閣総辞職とかで…」とあるが、「広田内閣」末期の政局混乱を述べているのだろう。実際の総辞職はこの年二月二日である。

なお、先に見た昭和六年九月一二の日記では、長南七右衛門が主導する新屋敷の農事実行組合を見学して、「これが模範組合なら心細い」と書いていたが、今回長南の「経済更正の具体的方法」の講話を聞いても感心しなかったようである。新屋敷実行組合の「批判会」で「官僚的なことが第一に嫌な感じ」としていたところから見ても、県の推薦で篤農協会に参加して荘内松柏会の設立に主導的役割を果す長南七右衛門[1]と「協働」を志す太一とは、思想的性格において隔たるものがあったと見ることが出来るように思う。

(1)長南七右衛門の思想については、荘内松柏会『荘内松柏会五十年のあゆみ』朝日印刷株式会社、一九八九年、が参考になる。

講習会

3月12日「一、朝安吉、自動車で迎ひに来てくれる菅ノ代の兄さんもゐたので、彼氏も酒田へ行く用件あるといふので同乗して行く。ひどい吹雪となる。二、九時に出発して、十時半に着く。今日は開講式なのでそれ迄同行者をつれて光丘文庫へつれてゆく。三、午後一時から開講で。皆面識ないのでつゝましくやってゐる。四、晩の体験発表会で田中先生が君一つ経営の設計上に就いて、といふので、しどろもどろの愚談をうかゞゝと発表してしまった。五、第二班の班長をやるよう仰せつかる」。

3月13日「一、六時の起床だ。掃除やらラヂオ体操やら、それからは念仏を申したり、般若心経の読経やら朝の礼拝。食前後のお祈り等々。まづもって青年修養講座といふところだ。二、八時より多々良先生の簿記の講習なり。三、午后も同上。簿記帳の実習」。

3月15日「一、今日は帝国農会参事の土屋春樹先生の講演也。溜飲の思ひだ。実によかった。二、晩は質問事項と先生の満州のお話である。三、記念撮影をする。…」。

3月16日「一、午前多々良哲次先生の農道精神の講演。午后青柳□(不明)巳先生の経済概論也。三、夜佐藤久照氏の

農事実行組合に就て。四、そろ〳〵外出もしたいけれど青柳先生の講演後一時間半もあるので、畔上龍治兄を訪ふ。で、夕飯は一寸おくれて食ひはぐれる。馬鹿を見る。…」。

3月18日「一、昨夜は娯楽会で自己紹介やら唄を歌ったりで大にぎはいであった。十一時近くなってやっと寝た始末なり。二、明くれば今日でいよ〳〵閉會なり。緊張し切った一週間といふものも今日で閉講なり。寒い日であったが、午後一時には散会だ。はなされた籠の鳥の様な元気で。三時の列車でかへる。三、大山駅についたら過般満州で名誉の戦死を遂れ（ママ）た丑吉、勝太郎両君の遺骨が到着し大勢が涙の出迎へであった。…」。

一週間びっしりの講習会だったようだが、主催者、会の名称など、全く書いてないので、この講習会の素性は分からない。当時の農山漁村経済更生運動の一環であろうか。講師の人たちについても報告者には詳らかでないが、青柳先生といわれている人については、三月二日の日記に、白山に「県より青柳技師が指導に来る」との記事があるので、この人かもしれない。また「多々良哲次先生の農道精神の講演」ともあるが、この「農道精神」という題目からすると、当時の農業をめぐる思想状況がこの催しに反映している様に思う。この種の思想的背景として、山形県の場合、二つの可能性があるのではないか。一つは、長南七右衛門が山形県の推薦でその発会式に参加し、後、庄内で松柏会の設立の思想的背景の一つとなった篤農協会の流れ、またもう一つは、山形県の自治講習所において多くの農民に影響を与えた加藤完治の流れ、である。このどちらの流れに棹さす催しだったかはわからない。ただ、会場が鶴岡でないところを見ると松柏会関係の催しではないのかもしれない。

他方同時に注意しておきたいのは、散会後帰りの列車が大山駅に着くと、「名誉の戦死をとげた」二人に「大勢が涙の出迎え」をしていたということである。いよいよ戦争は切迫しつつ、農家経済更生の実務教育とともに背景になっている思想の右傾化が進んできているのである。

「同志」村を去る

3月19日「一、昨夜きいた話だが、久茂君もいよ〳〵考へた末、故郷を去ることに決意した故、地並びの宅地を買って貰ひたいとの話だった。可哀想だが宿命と思へば仕方あるまい。萬事休すである。二、馬町へ金借りに行ったが、らちが空かぬ故矢馳へ、二百円也を出金して貰ふことを約して来る」。

3月20日「一、朝のうち、久茂と話すことしばし、登記閲覧すべく、出鶴す。無抵当にて安心する…」。

3月23日「一、いつ迄登記の方まご〳〵してゐては邪魔も入らぬとも限らぬ故、原田晃氏へ行く。午后に来て貰う様に話す。二、甚四郎、久茂と私が立会って境界を定める。三、父と洞屋の実測すべく行く。随分乱雑になってゐる田であることよ。馬耕その他作業上の不便が思ひやられる。たとい土質はよくても。四、午后原田氏来て私はそれに手伝ふ。五、父午后、久左エ門畑の芋掘り半日。六、女衆一日畑へ（豌豆播）。…」。

「同志」久茂君がとうとう故郷を去ることになった。宅地を買って欲しいという話である。今日の日本農村では、村を捨てて都市に出る農民は数多いが、それはむしろ自分で選択してである。この日中戦争が始まる頃、昭和初期の不作、恐慌から引き続く困難によって、経営が破綻し、したがって家が崩壊して村を離れることは、まさに悲劇であった。

この時、久左衛門（久茂の家）の田も買ったのだろうか。「登記」、「境界を定める」などの記述からするとそのように見える。たしかに先に見た昭和一二年一月現在の「作田諸事一覧表」には、洞谷という字名の小作田が二畝三歩、四畝一六歩、二畝六歩と三枚あるが、後の昭和二四年の「一筆毎作付状況」には、洞谷に自作地がこれら三枚の他に九畝二三歩、八畝一一歩と二枚あるので、後者の二枚が村を去る久左衛門から買った田なのかもしれない。つまり、前者三枚は小作地だったが農地改革で自作地となり、後者二枚は買い入れによって自作地となったのではないか。凶作と恐慌のなかで村を去らなければならない「同志」がいる反面、太一の阿部家は、小作ながら近親から資金を借りて自作地を買い入れているのである。なお、この時、先に田地の実測に興味を示さなかった父親が太一とともに実測を行っていることに注意したい。この間の経過で、経営主としての太一の力量を父親も認めるようになって来ているのであろう。また、買い入れ前の久左衛門の田を「随分乱雑」と評して「馬耕その他作業上の不便が思いやられる」としているところに、太一の精農ぶりがよく示されていると思う。

豚出産・畑作

3月28日「…（前略）…二、村葬。（佐藤丑吉、佐藤勝太郎君）。涙ぐましいものありき。四、晩、消費組合の役員会を組合長宅にて」。

3月29日「一、婦人組合総会。一、午前、米一俵をひいて元治へ。これはこの前十円（登記の時）借りたのへ返済の分など、亦々十円を借りて来たからつまりもう十円はかゝってゐるのである。三、ひどい風雨となる。四、午后は久左衛門へ原野の譲渡契約書を貰いに行ったり、役場へ、大江さんには組合の掛、小池氏には宅地のこと、佐藤さんには指導農場の十一年度実行事項のこと。それから上納。五、久左エ門から貰ったもの。一、セトモノ三個、　二、人糞尿一ため、　三、前の堆肥（籾殻）、　四、梨の木、五、肥溜（但数未定）…」。

3月31日「一、豚出産予定の故、肥出しをやったり、監視をしたり、等々晝迄は産まず夜の九時頃より産み初め十二時迄。上気した故かトント乳のませる気もなく、やっとのこと安心と寝についたのは四時。…三、女衆は主に畑へ。ホウレン草　蒔付　北畑、　茄子畑返へし　北畑─高畑へ、豌豆を造。四、女衆午前弥生は女子会のことで出鶴。辰は大山へ豚粕ひきに（石川へ空びん四十五本）…」。

4月3日「…（前略）…二、午后消費組合の総会（二十八人の内十五人出席）、久茂君の送別会を兼ねて。十五円の靴を贈呈す。…」。

戦死した二人の村葬について「涙ぐましい」と書いているが、この後戦局が苛烈になると、戦没者は激増して「村葬」の間もないようになってくるだろう。稲作と違って、畜産は忙しい。とくに繁殖となればいっそうである。

村を去る久左衛門から「原野」の譲渡を受け、またいろいろな品をもらっているが、その品物に注意して頂きたい。「セトモノ三個」とか「人糞尿一ため」など当時の農家の生活実態が理解できよう。「女衆」は、やはり畑仕事である。ホウレンソウ、茄子、豌豆、等々。太一は、販売を停止しておそらくは気息奄々の消費組合のこと、借金の返済や、そう思ったらまた借りたり等々、家の経済のやりくり、家長つまり家のサイフの掌握者としての仕事に忙殺されている。

女性の組織

右の三月三一日の日記で、妹弥生が出席する「女子会」という組織の内容は分からない。「女子会のことで出鶴」とあるが鶴岡で何か集まりがあったのだろうか。『山形県教育史』には、大正期に、県訓令によって山形県でも「処女会、女子会は著しく発達した」とあり、妹弥生が出席するという点からしても未婚の女性の会だろう。この文献には、これらの組織の「会長は市町村長や小学校長、名望家等が多く、会員内部からの起用はわずかであり官制的色彩の強いものであった」とされている。この女子会の後身が女子青年団だったようであるが[1]、右の文書のさらに続く叙述に、内務・文部両省からする「女子青年団の指導」に関する事項として「一、忠孝ノ本義を体シ婦徳涵養ニ努ムルコト…」等の綱領が紹介されている[2]。太一の日記に記されている時代はもっと後、昭和一二（一九三七）年のことであり、日中戦争が開始される状況の中で、女性に対する戦時体制的訓育も一層進んで行っていたにちがいない。

同じ年（昭和一二年）九月七日の日記に「今日、大泉村の婦人会の総会」と記されているが、これは既婚の女性たちの会であろう。昭和七（一九三二）年創設の「大泉村婦人会会則」には、「本村内に居住する二十六歳以上ノ婦人ヲ以テ組織ス」とあり、年令からして既婚女性を念頭に置いた組織だったと見ることができよう。目的としては「一、婦徳ノ涵養ニ関スル事項、一、智能ノ啓発ニ関スル事項…、一、生活ノ改善ニ関する事項…」等と記されている[3]。事務所は「大泉小学校」であるが、「各区ニ支部会ヲ置ク」とされているので、大泉村の全体で小学校に事務所を置く婦人会が設置され、その支部会が各区つまり部落にあったのである。「婦徳の涵養」云々の目的で分かるように、これも上からの組織だったようである。

他方、三月二九日に総会が開催された「婦人組合」という組織についても知りたいところだがとくに説明はない。が、昨年八月三一日の日記に、「婦人組合にて畑視察やり、豆会にて歓談をつくした由」とあり、庄内では女性の担当である畑作の視察、指導などを行ってその機会に懇親会をしたりしているようである。大泉村には、太一等の努力にも関わらず産業組合は結成されていなかったようなので、これはどういう組織であろうか。農業振興の仕事をしているようだが、系統農会の下に「組合」が置かれるとは考えにくい。

(1)斎藤正一・佐藤誠朗『温海町史』下巻、温海町、一九九一年、九五七ページ。
(2)山形県教育委員会編『山形県教育史　通史編』山形県教育委員会、一九九二年、三七七ページ。
(3)大泉村婦人会会則、鶴岡市郷土資料館所蔵資料。

安吉運転免許試験合格・博は予備役に

4月4日　「一、今日勇躍して馬耕をする。大山割、乾燥してゐるので、このところを。二、今朝安吉来て、先日運転受験に行ったが、発表になって、美事パスしたと大にさはいで来る。まよかった、と皆大喜びなり。六日に学科試験故この度の費用は自分で貯めてゐたものをつかったのであるから…」。

4月5日「…（前略）…母、安吉合格御礼参りに稲荷様へ」。

5月8日「…（前略）…三、博より来信、現役の再役志願は駄目で、予備役の経理候補を命ぜられ、三日より

連隊本部附きとなっているとのこと」。

安吉の運転免許試験無事合格である。母親はお稲荷様に合格のお礼参りをしている。他方、博は「現役の再役志願」をしたが駄目で、予備役になったようである。「飯を食う」ための軍隊だったはずだが、これからどうするのか。

「同志」との別れ

4月10日「一、久茂君いよ〳〵出発である。これからこの日記には久茂君とのことはめったに書けないであろう。

二、養豚組合には、目下金はない故昨年立川より仔豚購入の時の景品の文鎮を贈る。三、十時廿五分で彼は小名濱へ…」。

太一の「同志」久茂君とお別れである。四月三日に消費組合では靴を贈呈したが、養豚組合には金がないので、景品に貰ってあった文鎮を形見として贈呈するなど、涙ぐましい別離風景である。

田植前の忙しさ・女衆畑仕事

5月27日「…（前略）…二、弥生、民田へ、茄子苗買ひに。女衆は一日畑へか丶る。茄子植え也。三、田植前

の文字通りの忙はし（ママ）さである」。

5月28日「一、父から午前豚肥出して貰う。…二、田植初めてゐる（ママ）家もある。甚吉、太郎左エ門等。三、田掻き。

午後荒田だが大馬力をかけて出かす。四、女衆午前、畑へ。午後は馬、組合豚肥出しを」。

そろそろ田植が始まる忙しさ、そのなか女衆は畑仕事である。民田（みんでん）になす苗買いに行っている。「民

田なすは全国的に知られた地方品種[1]」であり、身がしまって歯切れの良い小粒の漬け茄子である。芭蕉の「めづらしや山をいで羽の初茄子（なすび）」は、この民田なすのことだともいう。[2]民田とは近くの黄金村の大字（現鶴岡市）であり、その特産としてこの名があるが、近隣の村の農民にとっても、民田のなすは特別の品種だったのであろう。

(1)青葉高『北国の野菜風土記』、東北出版企画、一九七六年、一九ページ。
(2)伊藤珍太郎『改訂　庄内の味』本の会、一九八一年、九八ページ。

田植雇・母と話す

6月7日「…（前略）…田植雇の部　藤十郎一人、甚平エ一人、矢馳四人。

さなぶり費　酒代一円、

倉治へ萱代三〇〇把、二日百二十把、　金二、五円

仁左エ門籾殻代三斗（八升）　金二、四円　四、四九円

別口（四升八合）　金一四、四円

治右エ門　三升（二升一合）　金六三銭　」。

6月8日「一、さて今日でいよ〳〵出来上がりではある。高前の残りと久左エ門田の奥の方を。…二、今日は家人のみ也、とても出来ないだろうと思ってゐたのが、母も手傳って貰ひ（一日）やっとのことで、実にやっとのことで出来る。三、苗取り乍ら母と話したことだが、これから先弥生は縁附き、父もそういつ迄も働いてくれられるものでもなければ、その后に来るものゝ労苦自分一人で萬時をやってのけねばならぬことだが、とつく〴〵と考へたことだ。朝も早く起きねばならぬし、仕事の段取も亦雇人の労賃なんかもと。所謂生の悩み

といふものだ」。

六月七日の記事は、この年の田植雇の清算である。太一家は合計六人の雇いを入れたようである。欄外注記によると、それぞれ一〇時間働いている。それに支払った賃金は書いてないが、他に萱代等に費用がかかっている（この費用計算は、字が乱れていてよく読み取れないので正確を期し難い）。が、いずれにしても田植費用は家族の他に必要な労働力、必要経費が極めて複雑なことが分かる。

そして翌日、太一は苗取りをしながら、母とつくづくと話したようである。やがて妹の弥生は婚出するだろう、父もいつまでも働けるわけではない。その後を自分一人でやっていかなければならない。太一は「生の悩み」等と書いているが、このような世代交代期をどう乗り切るかは、家族経営体であるすべての農民の家に不可避な、深刻な問題なのである。

除草・青物売り

6月24日「何といふ忙しさであろう。田の乾くこともおびただしい。二、洞谷除草出来後、九左衛門田を。父は午后の半ば迄畔豆植えをする。…四、博より来信。五、地蔵講へ母行く。

欄外注記　地蔵講　二〇銭…」。

6月25日「…（前略）…二、そくぼの除草を。三人一日、父は午前大工と収納舎の修理手傳。午后は畑の大豆、除草を。三、豌豆の最盛り也、二百三十二把ありたり。他に屑四升くらい。…」。

6月26日「一、そくぼの除草をする。午前三人、午后四人。二、弥生は町へ青物売りに。…三、泥負虫目下全盛也」。

畑も田圃も除草の忙しい時期である。二四日は、太一、妻、妹の三人は「洞谷」といわれている田の草取り一日、父だけは除草は午前だけで午后三時間ほど畔豆植えをしている。畑の少ない庄内では、田の畔に豆を植えて少しでも畑作を増やそうというわけである。二五日は「そくぼ」といわれている田の除草を太一、妻、妹の三人で行っている。二六日はやはり「そくぼ」で父、太一、妻、妹の四人で草取り。但し妹弥生は午前中「青物売」である。前日「最盛り」になった「豌豆」を売りに行ったのであろう。畑作に主役を務める女性が、振売の主役でもあった。この日、欄外注記に「畑収入一、九七円」とある。なお「洞谷」とか「そくぼ」などといわれているのは田圃の名前であり、農民は日常このようなそれぞれの田の固有名で呼んでいた。昭和一二年「作田諸事一覧表」の「小字名」を参照されたい。

婦人組合で畑視察

7月1日「一、神詣での一日と云ふので村の多くは休日なれど、昨日の残りの分を出かして、後休日とする。…三、婦人組合にて年中行事の畑視察へ辰恵も行く。…」。

この日の記事にも婦人組合が登場するが、畑視察は婦人組合の年中行事になっていたようである。やはり、畑作は女性の仕事として、定着しているのであろう。

農村を覆う戦争の影

8月29日「一、今日いよ〳〵馬の徴発也。三十一頭のうち、三十頭は合格だ。夜の十一時頃積込みである。もう荷物扱ひを受けねばならぬ馬だ。人も皆このひっ法で召集されるのか?とつい思ったことだ。…四、夜の三時頃□□(不明)〳〵と馬の口輪を肩にかけてかへってくる。実に寂しい限りだ」。

軍馬にするための、馬の徴発である。農民にとって、毎日の作業のために困るというだけでなく、農作業の仲間だった馬が品物扱いされるのを見、主のいなくなった口輪を肩にかけて帰って「実に淋しい限り」である。人間も「この筆法」で召集されるのか、と太一の疑問は尽きない。

8月31日　「一、出征兵十二名の見送りに駅へ。悲壮の限りだ」。

11月29日　「…（前略）…四、愛国婦人会へ母入会申し込みをなす」。

12月15日　「一、南京陥落祝賀行列日也。朝っから休日にする…」。

馬の徴発から二日後、今度は人間の出征兵の見送りである。弟博の入営に当たって家には日章旗が掲げられ、「我が家初まってからの大慶事」と書いていた太一であるが、家族でなくとも、いざ出征となると「悲壮の限り」と感じざるをえない。明日の命も分からない戦場への出発だから。母親が「愛国婦人会」に入会する。これは、先に登場していた該当者全員加盟を原則とする婦人会とは異なって、有志参加の女性組織である。明治三三年に結成され、出征軍人や傷病兵の慰問、軍人遺族の援護などをおこなった組織であり、昭和七年に発足した「国防婦人会」が一般層の組織を進めたのに対して、どちらかといえば上層の女性たちを組織した団体といわれている。しかし、太一日記によると昭和の戦時期にはここ庄内農村にまで勧誘が進んでいたのである。これも、女性達の戦争協力への動員の一形態である。また、南京陥落祝賀行列が催されたりしており、戦争の影が色濃く農村をも覆っている昭和一二年である。

弟安吉自動車会社入社

9月4日　「晩…安吉が来ていふのには、今度出羽で人多くて丸通へやられそうなので、思ひ切って福島の郡山へ行くことにしたからと云って来る。…」。

9月16日　「…（前略）…二、安吉より来信。郡山はとう〳〵駄目で、目下（十三日）小名浜の富塚さんのところへ来ている由。トラックでもやろうと思っていると。世の中はきいて極楽、見て地獄だ」。

10月1日「…（前略）…三、辰蔵君出征にて暇乞いに来てあったとのこと」。

10月9日「…（前略）…二、安吉、大正自動車へ入社することに決定す。…四、午后は豚組合豚肥出しを安吉に手傳って貰った」。

弟安吉があちこち就職口の自動車会社を模索している。他方、子供の頃から付き合いのあった辰蔵が出征で暇乞いに来る。

鮮牛到着

9月17日「…（前略）…四、晩おそく、菅ノ代の兄さん来る。牛の話で、鮮牛も目今（ママ）は大暴騰で、四才の牛馬の高売りは、二百五十円もしてゐる由。従って郡斡旋のものも、二、三割方高値のことだそうな。一寸気懸りになり、郡農会へ照会の手紙を認める…」。

12月3日「…（前略）…一、今日こそは鮮牛到着の筈だが、昼近く迄米調整をやって、十時半頃行く。…二、駅に行ったら皆牛をとりに来て私のみ残ってゐたところだ。はる〲朝鮮からこゝ迄来た牛だ。動物とは云へ可憐な気持ちになり乍ら曳いて来る」。

徴発によって馬がいなくなった農村では、それに代わって牛の生産地だった朝鮮半島（韓半島）から「鮮牛」が輸入された。「はるばる」と、何かしら「可憐な気持ち」にもなる太一である。

【昭和一三（一九三八）年】

小作米納米と橇引

1月12日「一、今年は堆肥運びは橇二台で能率的にやるべく計画していたが、雪舟を調べたら破損してゐる故、金を買いに行く。ついでに柳田へ納米する。…二、ひどい吹雪となる。やっとの思ひでかえる。三、昨夜寺寄合ありて、今年はひけ年のところだが、とりわけ白山のみ不作のことにしてみれば、その願い出づることも得ず、借米をお願ひするに決定。一石六斗をお願いする」。

1月13日「一、今日は矢馳へ亦々納米だ。心配である。午前中は廿八俵を運搬したが、福坊主はやっとのことで四等に入った由。大変に混んで、父なんかは晩迄かかってかへってくる。二、残り少なの米を眺めて淋しい気持ちなり。…三、いよ〳〵納米全部出来て、明日からは堆肥運搬の雪舟なんかを修理する。四、寒い〳〵夜だ」。

戦争が激しくなったなかで、しかし地主・小作関係は続く。「矢馳」といっているのは、木村九兵衛家であろう。小作米を納めなければならないが、それをどうやりくりするか、今年も「寺寄合」である。しかしそこでいわれている「ひけ年」という意味は分からない。太一家は無事終了したようで、これからは堆肥運搬をするべく、雪船（ゆきふね）の修理である。なお、日記では「雪舟」と書いてあるが、高名な画家の雪舟（せっしゅう）ではない。雪を利用してものを運ぶそりである。

博剣術稽古で怪我

1月16日「一、博の奴は何分呆やり者故除隊後の方針を樹て、ゐるわけでもないので就職指針書を買ってやるべく自転車で出鶴す。…三、安吉来て快談。与惣兵エより博へと親切に餞別を頂く」。

1月29日「…（前略）…二、役場へ行って博の兵役義援金を頂ひて来る。思はぬ金故大助りなり」。

2月4日「…（前略）…博より来信。卅一日に剣術稽古中誤って右肋骨骨折して目下陸軍病院外科に入院との誰れかの代筆で書いてよこす…」。

2月12日「…（前略）…四、博より来信、右肋骨骨折は捻挫で案外軽傷で日々快方に向かっている由…」。

弟博がやがて除隊になるはずだが、就職のめどが立たない。「就職指針書」などというものがこの頃でもあったのであろうか。その博が剣術の稽古で怪我をして、陸軍病院に入院したとのこと。「案外軽傷」だったが、この弟のためには心配が絶えない太一である。しかし「博の兵役義援金」は「思わぬ金」で大助かりである。

参宮旅行

2月15日「一、や、早目に起きる。とう〳〵出発だ。一寸、自分だけ楽にして家事を全然顧みず、かうして行くのは全くすまない気がしてならぬ。二、…矢馳の叔父はわざ〳〵見送って呉れたし全くすまない気がしてならぬ。三、松島についたのは夕暮れ時、瑞巌寺は賑し時やっと見物す。…」。

以下参宮日記が続く。松島から始まって、「東北の都仙台」（当時そういう認識があったのだろうか）、宇都宮、日光、宗吾神社、印旛沼（霞ヶ浦飛行隊が盛んに練習してゐる）、成田、東京（上野動物園、靖国神社、丸ビル、三越等）、横浜、鎌倉、鳥羽港、冨士遠望、伊勢神宮、奈良、大阪、大阪城、道頓堀、桃山、伏見、京都、清水寺、知恩院、金閣寺、平安神宮、大津、三井寺、名古屋、熱田神宮、長野、善光寺、新潟を経て大山駅に着いたのが三月三日。東北から関東、東京、中部、京都、関西を一回りの大旅行である。そして帰宅。

3月4日「一、ゆっくり寝ようと思ってゐたのが、話をきゝたいと云ふので起される。別に為すこともなく一日を暮らす。三、現在手持金は三十円の残金ありたり。団体費七十三円、計算七十円は持参のもの。□□(不明)より十円入」。

この参宮団体旅行が、どのような組織の主催であるかは書いてないので分からない。もちろん白山部落レベルの企画ではないだろう。同行人数もかなり多かったであろうが、書いてないので分からない。それにしても、この戦時期に大規模な「参宮旅行」には驚く。昭和一二（一九五七）年、日中戦争が始まり、召集で村人は次々に出征しているなかでである。

弟二人

3月25日「…（前略）…二、安吉は馬町へ一寸身の振方の相談に行ったら、満州へ行くのならよく皆川豊治へ紹介しておくからそれ迄東京にでも出て待機していろといはれて来る。…」。

4月27日「…（前略）…三、博へ返信、転地療養に近日中行くらしいから金おくれとのこと…」。

5月9日「…（前略）…五、博より来信。目出度く八日に退院したのこと」。

5月20日「…（前略）…三、田中商会の渋谷来りて安吉を大正で函館から是非〳〵つれもどし来る様にと云はれたからと来る。これ迄に云はれて見れば帰った方がよかろうと思い早速手紙を書く…」。

5月25日「…（前略）…安吉函館よりかへる。大正では大変によろこんでいるとのこと。これは当然のことなれど…」。

この頃、弟安吉の身の振り方についての記事が連続する。いささか過保護の観もあるが、兄弟とはこんなものなのだろうか。また弟博から怪我の転地療養のためと称して金の無心が来る。日常の農業の仕事の他に、弟達にいちいち応える長男は大変である。むろん兄弟愛はあるのだろうが、たんにそれだけでなく、一家の家長としての役割を懸命に果たしている太一である。

日常の農作業の一齣

6月8日「一、今朝□(不明)、高前半割へ水見に行って直三から盗水をしたとのことで罵倒される。平にあやまるより他に途はない。二、苗代へ植付後畔豆をも出かし藺草へ施肥したり除草をやったり網をかけたりの作業を為す。三、早苗振舞ひは九日から十二日までとのこと。四、豌豆初収穫を為す。1藺草田へ施肥—五升（田の残りのもの）2苗代全部への苗は大束なら五〇〇のこと 3清右エ門田へ三升五合、八右エ門田へは一升五合を施肥す。4市郎兵エ脇の田へは田の金肥五升施肥、5嘉左右エ門後田へは四升施肥」。

日常の農作業についての記述を一齣紹介しておこう。この日、おそらくは隣の田の人から「盗水」したと怒鳴られる。どういう状況だったのかは分からないが、ともあれ太一は「平にあやまるより他に途はない」と書いている。苗をとった後の苗代に、畔豆を植えたり藺草（いぐさ）に肥料をやったりなどの作業をして、早苗振舞の日取りの決定である。またその後に記されている今年の施肥の心覚え（と思われる）記述に注意しておきたい。具体的内容の分析は著者には難しいが、ともあれ太一は毎年の作業についてこのようなメモを残して翌年の参考にしたのであろう。篤農家といってよい心配りである。

博いよいよ戦地へ・思い出に湯野浜

7月26日「…（前略）…博より来信。いよ〳〵戦地におもむくことになり外泊もありそうだからとのこと。午後二時に博来る。…」。

7月27日「一、今朝は博も安吉もゐて朝餉は賑はしい。二、安吉は八時でかへり私と博、好、美香と連立って湯野浜へ行く。今生の思ひでと云ふわけでもないが、戦地へ行くことなれば心ゆく迄海にでも連れて楽しませようと思ひ、馬町の家へ立寄り梠尾様へ武運長久をお祈りして善宝寺から一路湯野浜へ。…いさごやにて湯に浸り海を眺めてビールをのむ。このところは待遇とてもよかった。水族館をもみる。実に愉快にこの日はすぎる。とにかくつれて来てよかったとつく〴〵思った。…」。

7月28日「一、博、今日の□(不明)時半迄かへるので、その前記念撮影をすべく九時半の自動車にて出鶴す…」。

8月2日「…（前略）…三、今日の新聞に、斎藤清八君山西の闘ひにて戦死の報に接す。あ、いつからか慰問状を差上げようと思っていたのに、とう〳〵戦死したのだ」。

9月3日「一、…大滝さんに行ったら、今日は軍馬、兵隊盛んに輸送されていて（板谷峠崩壊のため皆こちらまはる由）、…山形聯隊は本夕十一時〇五にて鶴岡に一寸停車するとのことをきいて家に来たら、博より電報来たりハガキ三通来たりで、いよ〳〵出動の大命は下ったわけだ。…二、今日はヒトラユーゲントも鶴岡へ着いたと云ふので大変な騒ぎ也。三、博とは先ず幸運な位発見、面会出来てよかった。矢馳の叔父もわざ〳〵見送りに行ってくれる」。

9月8日「…（前略）…三、今日出征兵出発す。去年の今頃も盛んに歓送してやったのにあれから満一年なったのにまだ〳〵召集になるのだろう」。

山形聯隊にいる博は、いよいよ戦地へ、である。もう一人の弟安吉も来て皆でお別れの朝餉を取る。その後、「今生の思い出というわけでもないが」、妹達も連れて湯野浜に行く。それから翌日、鶴岡に出て記念撮影をする。九月に入っていよいよ「出動の大命」が下る。どうやら中国大陸天津に配備されたようである。鶴岡駅にヒットラー・ユーゲントが来て「大変な騒ぎ」になったり、農村地帯もまさに戦時色である。なお、戦死したとの情報が入った斎藤君は、後で無事だったと分かってほっとしているが、この時代を示す記事なので、ここに引用しておく。

防空演習

9月7日「…（前略）…今日防空予習（ママ）ありたり…」。

9月13日「…（前略）一、防空右の第二日なり。今夜、消燈するのをうっかりしてゐて巡査からしこたま叱られる」。

昭和一三（一九三八）年、太平洋戦争は始まる前だが、庄内の農村地帯でも防空演習である。著者も仙台で防空演習の経験、そしてやがて実際の空襲の経験をしたので、あの暗い夜を思い出す。

召集による労働力不足と農業電化・鮮牛共同購入

9月26日「…（前略）…五、丸宮式動力脱穀器受入れ。…」。

10月10日「…（前略）…三、…大戸農具店来りて岩田式の解体を為す。四、今日はモートルを村中全部のものを試運転すること故、大馬力をかけて電工達がやり、夕方には目出度く運転出来てあった。それで今夜、竣工式と云うわけで□□（不明）店で皆集まって一ぱいやる。…」。

10月11日「…（前略）…二、昨日の雨で今日は稲上げはとても出来ず村の大半は動力にて米調製をやってゐる。…」。

10月13日「…（前略）…三、午后役場より勝太郎さん来て郡農会にて鮮牛共同購入の分、貨車の都合にともなう十頭だけ注文可能だから申し込むのよう（ママ）大至急とのこと故、役場へ行ってすぐ郡農会へ、雨を冒して注文してくる。一、金二〇〇円也」。

庄内地方川北の飽海郡北平田村中野曽根（現酒田市）の故老佐藤喜三郎の手記に、「昭和一一（一九三六）年に十一戸の農家が渡部一郎（大正期、中野曽根の初代実行組合長）の指導をうけて電気モーターを導入して重労働から解放され、能率が大いに上がった。これは眞に画期的な進歩」と記してある。「この調製電化の設備費は全部で百八十円であった。内訳は半馬力モーターが三十五円、アイユー脱穀機単胴型三十五円、岩田式動力用衝撃型（中古）十八円であった」。この時中野曽根の人たちも「農村の風習により本楯の料亭にあがり宴席をつくらせた」という[1]。この中野曽根の導入の翌々年、戦時期召集によって労働力不足の中、ここ川南の西田川郡大泉村白山でも、動力脱穀機が導入されたのである。やはり「竣工式と云うわけ」で「一ぱい」やった点も同じである。電化は、労働力不足のなかで待ち望まれていたものだったのである。それとともに、一〇月一三日の日記にあるように、農村からの馬の徴発にともなう鮮牛の導入が行われた。

(1)前掲、拙著『庄内稲作の歴史社会学――手記と語りの記録――』、三六九ページ。

『麦と兵隊』・武運長久祈願

10月14日「…（前略）…四、安吉へ依頼していた『麦と兵隊』を落手。一気に一晩で読んでしまった、何の粉飾もなき切実なる描写には実に〳〵胸迫るものあり。近ごろにない良書と思ふ」。

10月28日「…（前略）…二、母は婦人会にて気比神社へ武運長久祈願の為に…」。

日野葦平の『麦と兵隊』は、著者もかつて「一気に」読み切った記憶がある。まして、弟の中国大陸への出動を見送ったばかりの太一にとっては「胸迫る」ものがあったであろう。母は、婦人会で「武運長久祈願」に神社参拝している。

年末三十四俵しか残らない

12月9日「…（前略）…三、計算してみると小作料納入して飯米をとって、諸支払い（馬町、矢馳、富右エ門）をして三十四俵位しか残らなくなる勘定也」。

小作料と諸支払いで残るは三十四俵と云う年末である。これが小作人の家の経済だったのである。

美香重病・亡くなる

12月11日「…（前略）…二、美香、風邪にて、松浦さんは目下不在につき、大山の松山さんに来て貰ふ。車馬賃当方支拂。風邪と食滞と虫の三つが一緒になったのだから大変だ。…」。

12月13日「一、美香状態思はしくなからず。松山さんより朝早速お出でを乞ひ、今迄とはどうも容態が変なので注意したら松山さんも事の重大さに驚きこれは誰か？と立会ひして貰った方がよかろうと云ふので志賀医者をお願ひし、これもなるべく早くといふわけで大正の安吉へ行って種々御主人ともお話ししたらそれは小児科御専門の伊東さんがよかろうといふわけで大山へはその旨電話をしてすぐ落合ふ様に打合わせしたけれど松山さんはお出でにならず伊東さんのみ診察す。家で相談して、専門医の伊東さんにお願する様松山さんの承諾をうべく待ってゐ、話をして長駆伊東さんへ。家に来たのは九時頃也」。

12月14日「一、十時頃伊東先生来診。尿を持参して同行する。二、かへったら安吉大正よりホトトギスの黒焼きをわざ〳〵持参してくれる。伊東さんの注射と黒焼きがきいたのかそれからはずうっとゆっくり寝てゐる。昨日は悲惨であった。四時頃□(不明)へ行く。ついでに伊東さんに行って果たして見込みあるかどうかをたしかめたけれど。安心出来ぬ故、安吉と相談して中目さんから来てもらふ様に伊東さんに話したところ一時は感情を害した様なり。でも中目さんは風邪にて就寝中故明朝のことにする。今夜は最も大切だがしかしくすりもまったくのまぬし牛乳七勺位とっただけで衰弱もしている」。

12月15日「一、朝安吉へ電話をかけて中目、伊東両医師より来診を乞ふ。二人連れにて来る。診察して貰ったけれど両人共病名は不明とのこと。ぶどう糖の熱引き下げの注射だけして漫然とかえって行く。心細いことおびただしい。二、寺田の利佐エ門にてもこれと類似の病気になったとのこと故源治君を訪ねてくわしくきいて来たが、まず〳〵似通っている。それで伊東さんには行かぬ。父母にそのことを話したら大変に安心して皆ゆっくりする。…」。

12月16日「昨日の話しではお医者なんかいくらきても効果がないとのことなので、今日は誰からも来診は乞わぬ。二、でも患者は□□(不明)な重体でとても駄目であるとあきらめ切ってゐる。二、矢馳にて午前母見舞いに来てくれ、午后には叔父上見舞ひに来てくれる。…四、学校の阿部先生は毎日〳〵見舞ひに来てくれる。感謝の至り也。五、民恵子供を連れて来る」。

12月17日「二、巫女へ行ったり、…それから伊東さんにもあの後梨のつぶて、いたちの三日では変に思はれるかも知れないと思ひ、経過報告すべく出鶴す。中目さんもどうも不明だが、歸するところ流行性脳膜炎ではないか？との懸念はかなり有力の様也。…今は松浦さんやっとかへって来たので早速来診を乞ふ。流行性脳膜炎の烙印を捺す」。

12月19日「一…美香は意識不明故にさわらない模様也。二、藤左エ門と馬町の御主人御見舞いに来てくれる。昨夜は美香はとても駄目だと思われる位であったのが、今日は少し静かである。ただ尿を洩した由…」。

12月20日「…(前略)…四、米調整やっと出来て豚へものやっている時父が美香変だからとのことで行って見るともう死んでゐたところであった。嗚呼萬時休す。今の今迄断末魔の苦しみからやっとはなれたところには死が、永遠の静なる死が待っていたのだ。矢馳へ走ったり安吉へ電話をかけたり等。どうしてもあきらめ切れないものがつきまとってならぬ」。

12月22日「二、矢馳の叔父には大山へ行って貰ひ、父は山へ火葬用の木切りに行く。…四、晩風呂をたて、久振りにゆっくりした気分になる。ふと美香も風呂が大好きであったのにと涙ぐましいものを覚えた」。

12月24日「一、美香の葬式の日也。…二、藤左エ門、与惣兵エ、本家の三人から野番の手傳ひを御願して火葬の準備をするが風強く杭二本吹折られてしまった。三、朝のうち学校へ同級生の菓子六十五人分を門七から届けて貰ひ…午后一時出棺、霰まじりの全くの悪天となり、吹とばされそうなので寺からリヤカーにて行く。学校児童の見送りを受け弔詞をたまはっては涙新たなるものあり」。

12月25日「…（前略）…三、…残ったのはやはり美香を抜きにした六人の家族だけの淋しさであった。実に物足りない淋しさであるあることよ」。

妹の美香が「流行性脳炎」という重病になった。七歳である。かなり長い引用になってしまったが、太一の悲嘆、あちこち開業医を訪ねざるを得ない当時の農村部の医療条件の困難さ、家族が自分で火葬用の木を切りに行くなど、亡くなった後の葬送の行事、慣行等々、社会学的にも重要な内容が記されているのでできるだけ省略せず、ほぼ全文を紹介する。

【昭和一四（一九三九）年】

三三歳の正月

1月1日「いよ〳〵今年の正月にもなられてしまったの感じ。ことの多かりし十二月の傷心はまだ〳〵なほらず、この正月は深く喪にこもってゐる次第也。戦地の博へは一体どうしたものかとも思ってゐるし、返事も書かねばならん心苦しさにゐる。三十三才の私となった。…」。

2月14日「二、父は村の初寄合也。区長の改選とかで随分もめてゐる由。治郎作はどうしてもやめるとのこと…」。

三三歳（数え）になった正月も、美香を失った悲しみで一杯である。村の初寄り合いには父親が出ている。区長がどうしても辞めるというので揉めているようである。庄内の区長つまり部落長は権威ある役職者というより村の世話役であり、いつまでも居座るのではなく、むしろ早く辞めたい、然るべき時に辞めるという事例が多かったようである。

1月8日「…四、安吉、千葉県大貫町へ出稼へ、午後六時にて出発す」。

1月17日「…三、安吉より今日初めて来信、大貫は初めっから雇ふ意志なく、芝浦の運送店に入ったとのこと。

月給は七〇—八〇円の由。…」。

3月15日「安吉より来信。どうしても大陸進出する覚悟とのこと…。

就職　安吉の件　履歴書　医師の健康診断書、写真、戸籍謄本、身分証明書　自動車運転免許証写」。

3月16日「…三、安吉の謄本、身分証明書を二通宛役場より貰って来る。…」。

身の振り方を模索していた弟安吉が、千葉県に出稼ぎ、そして自動車運転の技能を生かして芝浦の運送会社に入る。そして、当時の貧しい小作農民の次三男の身の振り方の一つだったのであろう、「大陸進出の覚悟」を固めたようである。そうなると兄太一は戸籍謄本をとったり等々、弟のためにさまざまな準備を引き受けている。

博第一線に

3月18日「…五、堀井部隊十二名戦死の報あり。思ひは博へ」。

2月15日「二、博より来信あり。目下、天津より南下して徐州へ、更に徒走(ママ)にて宿□(不明)に到着してゐるとのこと。

第一線に出ている由。…」。

3月12日「三、博安吉より来信あり。博は先般の徐州攻略戦にて第一線に立ち弾丸雨霰の中に一発鉄かぶとに
命中。真中が凹んだ、けれども無事であったとのこと。安吉よりは履歴書」。

徐州といえばよく知られているように、火野葦平の『麦と兵隊』にも描かれている大激戦があったところであり、博はその第一線に配属されたのである。堀井部隊一二名戦死の報に、弟を思いやって心を痛める。しかし来信あって、鉄兜に被弾したが幸い無事だということが分かった。

木村家の「まき」

3月4日　「一、今朝四時、矢馳の爺さん危篤の報にてはね起きて行く。…」。

3月6日　「一、矢馳の葬式日である。…会葬者も相当あって、とにかく世間といふものは富者には皆務めるものだワイと世相をまざ〳〵とみせつけられる。それに矢馳衆の木村まき一族の仲のよいのも何かしら心強い羨望さへ抱かせる。…」。

この記事は、おそらく矢馳の地主木村九兵衛家の人が亡くなった際の記事であろう。阿部太一家と直接には関係ないが、ただ文中「まき」という言葉が使われているので引用しておく。庄内地方は同族団が集団としての統制あるいはまとまりがあまり強くなくて、報告者の調査でも、その機能は冠婚葬祭の際の儀礼程度という報告が多かった。しかし、木村家はこの辺りでも一目置かれる在村の大地主であり、太一が感心するほどの「まき」のまとまりだったようである。

博帰還

6月6日　「一、博、朝ハヤク鶴岡駅を通過すると云ふので大至急で出鶴する。七時二十五分の臨時列車で到着。まあ〳〵大勢の兵隊さんだ。その中に博もいた。果物をやる。時間も相当あって安吉天津へ行ったとの手紙はつかぬので面会はしてこないとのこと。班長さんが鉄カブトの敵弾あたったのを見せろといはれ拝見して来る…」。

6月12日　「博があまりひょっこりと返って来たので実に変に思った位である」。

「大日本帝国」の中国戦線は拡大する一方であり、兵隊達の動きもめまぐるしい。その下で太一家の農作業は着実に続けられているが、以下においては、この章の主題に即して、安吉と博という弟達二人の就職に関わる動向と、それに妹弥生の嫁入りなどを中心に見てゆくことにしたい。

博が「ひょっこり」帰還した。多くの村人の「名誉の戦死」が伝えられた中で、それは幸運というべきであったが、しかしそうなると、その就職がまたもや課題となる。「渡支」を模索していたようである。班長さんが鉄兜の弾痕を見せるように云っている。九死に一生だが、名誉なのである。

博「満州」の巡査に

9月8日「一、博、満州巡査受験するに山形へ行くと云ふのに、朝から予習を為す。午后三時で出発す。…」。

9月18日「…（前略）…晩、新京より博へ官報あり、警察官採用の決定の件也」。

9月21日「一、博、午后の六時四十分にて、大山より出発する。いよ〳〵待望の満州に旅立つのであるが、途上、鶴見の叔父上を訪ねて東京見物を為して後渡満するのである…」。

10月1日「…（前略）…博より電報あり、三十日新京へ到着とのこと…」。

12月25日「…（前略）…五、博より学校卒業したとの通知あり。新京寛城子警察署勤務　警長阿部博」。

「満州熱」が煽られているなかで博が「満州」の巡査になる。試験は山形であったようである。地方から採用したのであろうか。勤務は新京（「満州国」の首都、現中華人民共和国長春市）のようである。

防空演習

10月26日「…（前略）…三、防空演習のクライマックス日で焼夷弾を燃やして一寸乙なことをやる。これも時世也」。

庄内の農村部でも防空演習である。焼夷弾を燃やしたとあるが、仙台でそれほどの防空演習を経験したことはない。

それにしても、「焼夷弾を燃やす」、「一寸乙なこと」とは、実際にはどういう演習だったのであろうか。かえって切実感がないような感じがするが。

安吉の嫁探し

10月19日「…（前略）…三、安吉、博より来信、安吉のは、嫁のことにつき、話を進めてくれといふので、二百円也を送金したからとのこと。…」。

11月26日「馬町へ安吉の嫁の件で行く。…嫁のことは仲々むづかしいもので、いよ〳〵草履千足といふところ也。…」。

安吉の嫁探しで太一は奔走している。この間いろいろと話があるが詳細は省略する。「草履千足」である。後継者の長男は一家の戸主としてほとんど父親の役である。他方、安吉は実家に大金を送金している。

弥生の嫁入り先

11月27日「弥生、下興屋の秋庭清兵エ氏とかいふ家から嫁貰ひに来てくれたので、内定すべく下興屋の木村弥之助君を訪ねる。…倅は廿四才とか、とくと相談してみることだ。…山倉氏を訪ねて安吉の嫁のこと弥生の嫁入り先のことなどを聞いて来る。…」。

12月6日「…（前略）…三、母、弥生の嫁の件につき巫女へ行く。あまり急がぬ方よいとのこと。これは私も同感である。…」。

妹弥生に関しては嫁入り先探しである。後継者の長男は戸主役でいよいよ大変である。母は巫女へ。「あまり急がぬ方がよい」と。

安吉戦闘に参加・送金

12月19日「…（前略）…三、安吉より来信（十二月一日出しのものが今ついたもの也）。この頃、亦戦争に参加したとのこと。自動車のエンジンへ命中弾三十発もあたって運転不能、牛馬にひかれてかへったとのこと。奴さん、いつどんなことがあるかも知れないと思ってか、金二百円也を送金したそうだがまだ着かぬ」。

12月23日「…（前略）…二、安吉より送金の二百五十円也を受け取る。早速返信を出す。…」。

安吉が運転する自動車が被弾した。「いつどんなことがあるかも知れない」のでと、切迫した状況の中で実家に大金を送金している。明日をも知れない前線の兵士の家思いである。

【昭和一五（一九四〇）年】

新年・年賀状なし

新年だが、「自粛の折柄年賀状もなかった」ということで、太一の感想も書いてない元日の日記である。

【昭和一六（一九四一）年】

安吉「巡撫軍」就職・弥生結納

1月20日「…（前略）…二、待ちに待った安吉より来信あり。十二月十六日華北交通会社を辞職したとのこと。一体どうしたといふのだ。父母も暗い気持ちになった事は争はれない。…嫁のことも先ずおあづかりといふところだ。…」。

2月26日「一、弥生の結納日である。二、大空も晴れてよい天気であった。三、昼過ぎに四人お揃にて□□（不明）だ。無事結納式も済む。…」。

３月20日「…（前略）…二、午后、待ちに待った安吉よりの手紙来る。いよ〳〵就職したので、まず〳〵安心といふところだ。北支河南省道清線焦作鎮　和平建国興亜巡撫軍司令部内　阿部安吉」。

６月２日「…（前略）…安吉より航空便あり。六月のボーナス入金したら内地へ嫁貰ひに来るし旅行案内書を送ってくれとのこと」。

安吉が華北交通会社を辞職したというので、事情も分からず、暗い気持ちになっていたが、しばらくして「和平建国興亜巡撫軍」というところに就職したという連絡が入りほっとしたところである。「巡撫軍」とはどのような組織か著者にはわからないが、「満州国」の機関であろうか。その名前からして、住民心理慰撫のための工作をする部門であろうか。「六月のボーナス」などがあるのだろうか。「嫁貰いにくる」など、戦時中なのに、ずいぶん呑気な話である。弥生は結納である。

供出額通知・部落常会

２月12日「晩寄合あり。十五年度産米供出額全部で二一石七斗一升九合（内糯四、四石）。」

２月24日「…（前略）…二、晩部落常会である。これ出来てから肥料の配給を為す。一時近くなった」。

昭和一六年になって、前年度産米の「供出」額の通達があったようである。これまで産米についての寄合は、地主に納める小作料に関する相談であったが、この年は政府への供出の問題である。食糧管理法は昭和一七（一九四二）年からであるが、それ以前昭和一五（一九四〇）年に応急的に始まっていた。米所庄内では、昭和一六年に部落の寄合にこの件が通知されているようである。また、この年に、「部落常会」が開催されている。都市の「町内会」とならんで、農村における「部落会」は、地域における戦時体制構築のためであり、従来の村寄合を継承した部落会と異なって加入は強制であった(1)。

(1)同じ庄内地方であるが、川北の飽海郡平田村牧曽根では、昭和一五（一九四〇）年十二月にこの意味での「部落会」が発足している。前掲、拙著『家と村の社会学——東北水稲作地方の事例研究——』八一四ページ以下、を参照されたい。

弥生の祝言・先方から苦情

4月17日「一、いよ〳〵弥生の記念すべき祝言日である。二、荷背負は菅の代と庄一と省三と、それから良作さんである。六時出発がやはり七時になってしまった。なんと忙しいことだ。弥生も十時半でハイヤで行って、まづゆっくりといふところである。後、□□(不明)餅を焼いて、村の衆を招待する。今日は全くの誇らしい好日和であった。弥生の祝儀より。自三月一日　至四月末　二八九円六五也　五月　十円四二銭」。

嫁入り先を探していた弥生が目出度く祝言日をむかえる。太一にとって、久方ぶりの「誇らしい好日和」である。末尾に書いてあるのは、この間の家計支出のメモだろうか。ところが——

7月3日「…（前略）…二、弥生のことに関して二十六木(ママ)より、手紙あり、曰く、居ねむりして困るから…教へてくれとのこと」。

7月4日「…（前略）…四、弥生帰る。実は四五日ゐて除草するところであったが、向こふから何とも返信ないので」。

ここの記事は意味が分からない。四月一七日が祝言で、その後二ヶ月半程でその嫁に「居眠りして困る」という苦情があって、そのために実家に帰らされたのであろうか。太一は「二十六木」と書いているが、一般には「廿六木（とどろき）」と表記する。東田川郡余目町（現庄内町）の大字つまり村の名前である。弥生が嫁に行った先が廿六木であるとは、先の祝言の日記にも書いてないが、ここの記述からするとそうなのだろう。四日の記事の「四五日いて除草するところであったが」という意味も分からない。太一もいささか動揺しているのであろうか。文意が辿りにくい。

安吉帰国・召集令と軍馬の徴発

7月11日　「…（前略）…二、安吉より来電。朝九時に下関へついた由…」。

7月15日　「…（前略）…二、待ちに待った安吉来る。…安吉の第一印象は眼の鋭くなったことだ。死線を越えて来たのであるから。晩はつもるはなしで夜を更かす」。

7月12日　「目下、召集令と軍馬の徴発にて大変な騒ぎである。たいしたことになりそうだ…」。

7月17日　「一、軍馬の徴発日である。十七頭の内十四頭□□(不明)へた由。…」。

安吉帰国する。「死線を越えて」来て「目の鋭くなった」弟で、「つもるはなしで夜を更かす」のももっともである。他方、召集令と軍馬の徴発が続く。「たいしたことになりそうだ」と太一も戦争の行方に不安を隠せない。この頃、大陸との往来は、いうまでもなく飛行機ではなく、船だった。おそらく夜間に航行して「朝九時に下関」に着いたのであろう。「来電」とは、いうまでもなく電報である。

女子出産

8月6日　「一、今朝女子出産す…」。

8月11日　「…（前略）…三、午后役場へ出頭、出産届を為す。やっと命名す。『千代女』とつける」。

この「女子出産」とは、太一夫婦の子供であろうか。五日後、太一自身が役場に出産届けを出しており、また「やっと」と命名の苦心を語っているので、やはり太一夫妻の子供なのであろう。名前が軍国調でないのは、やはり太一である。

安吉結婚

8月27日「一、今日いよ〳〵祝儀日である。二、大政翼賛会推進員発会式を公会堂にて開催の由なれどとう〳〵欠席してしまった。三、午後三時頃に待望のお嫁さん来る。大変によろしい。あれやこれやで忙しいことおびただしかった。まず〳〵よかった」。

9月13日「一、安吉等、今日お揃ひで出発だ。…二、安吉を見送りする。…」。

9月14日「一、安吉達も目出度く渡支出来て、まづよかった。…」。

弟の安吉がようやく結婚した。その日、大政翼賛会の推進員なるものの発会式があったようであるが、今から見れば当然ながら、太一は御祝儀のため欠席である。お嫁さんが来て、太一は「大変によろしい」とご満足である。新婚の二人は、すぐにお揃いで「渡支」である。向こうではどのような生活が待っているのであろうか。

弥生離縁

9月21日「一、弥生のことに関して二十六木(ママ)へ行くことにする。…向ふへ行ったがどうも居睡りしてこまるし何とも身体の具合悪いのが原因だからそれを直して貰ひたい。どうしても直らなければ最後のところ迄行ってしまふ様な話であった。…」。

9月22日「…（前略）…二、弥生は居眠りを直すのに、□□(不明)斎藤医者より見て貰ふべく行く。脚気のために居眠りをするのであるとのこと也。大したことでなくてよかったと思っている…」。

9月27日「…（前略）…二、弥生へ二十六木(ママ)より離縁の手続き来る。あっさりとこれ迄の縁と思ってあきらめてくれとのこと。人をバカにしてゐる。何等の礼儀も知らぬ畜生と等しい奴らだ。愛想がつきてしまった…」。

四月に結婚したばかりの妹弥生が、「居眠りする」という理由で離縁話である。どうも訳の分からない話であるが、医者によると脚気と云う診断である。病気なら治せばいい、しかも大した病気ではない、と思うが、結局離縁になってしまった。太一も、「人を馬鹿にしている」と激怒している。但し、この兄太一の日記では、離縁された妹当人の気持ち、行動については言及がないので分からない。

土地を買う

11月11日　「今日矢馳へ行って金を借りるに行く。とにかく金も都合して呉れるといふので、明日登記に出ることにして□□（不明）の傳九郎さんのところへ走る。折悪しく留守であったが、□（不明）ねて晝飯を御馳走になり、豊田氏の御都合をきいて見たらよい、とのこと故明日のことを約束する。そんなことで一日かけまはってしまった。

　二反二畝二十九歩にて九百二十九円八十八銭のこと。

　一俵当（去年）二百七十円　全部で一石七斗二升二合のこと」。

11月12日　「一、いよ〳〵今日登記をとることにする。…省三も突然登記とるに来る。彼は上谷地を私等からとられては大変と思ひ来たのである。その省三の分は明白にある。うんと貯金しておき乍ら随分と横着なものだ。二、今日は矢馳の叔父上からも同道して貰った。二百円と百円、計三百円を一時借りる（三百円分は十七年十二月廿日期限返済のこと、百円分は□（不明）月末迄のこと。利は年六分の定め）…」。

　太一家の経営についてはこれまであまり詳細には見て来なかったが、田崎宣義の分析によると、昭和一一～一五（一九三六～四〇）年の「準戦時統制期」において、小作地ながら経営規模を拡大し、稲作の技術改善と養豚などによる「多角経営」によって「経営が上向・発展」しており、その結果としての自作地購入だったとみることができる。先に昭和一二年、昭和初期の不作、不況に引き続く農家経済の困難のなかで村を去った久左衛門の土地を二枚、合計一反九畝ほど買い入れていたが、この時新しく購入したのは、二反二畝二九歩である。後に掲げる昭和二四年の「一筆毎作付状況」の表を見ると、「西木村荒田」の田のようである。田崎がいうように、この間のインフレを差し引いても「三六～四〇年の阿部家の経営上昇の勢い」は明白といえよう[1]。

なお、ここでいわれている省三とは、阿部太治兵衛家の後継者であるが、この頃には戸主になっていたのであろう。この時、太一家と共に、土地を買ったのである。売り手が誰であるかは書いてないので分からない。

⑴田崎宣義「戦時下小作農家の地主小作関係」、『一橋論叢』第八〇巻第三号、一九七九年二月、三二一～三二二ページ。

振売禁止・丙種も召集・日米宣戦布告

11月16日「…（前略）…五、目下白菜の収穫の時期なれど。振売禁止で全く閉口している」。

11月17日「…（前略）…四、昭和六年以後の丙種も今度召集するとのことが新聞に見える。安吉が該当するわけ也」。

12月8日「…（前略）…三、日米宣戦布告になった由。いよ〳〵初(ママ)まる。キリリと身のしまるを覚える」。

この時期、戦時の食料統制で「振売」が禁止された。これまで主に女性たちの仕事として畑作が取り組まれ、それを町場に売りに行く振売も、よく弥生が担当していた女性の仕事だったが、それの禁止は農家経営にとって「全く閉口」なのである。戦時体制は働く男性を戦争に駆り出し、女性の仕事をも奪って、農家生活を次第に圧迫して行く。

そして、昭和一六年一二月八日がやって来る。

7 戦局の苛烈化、そして敗戦

前章の最後に見た昭和一六年一二月八日、この日、米英両国に対する開戦を宣言した天皇の詔勅によって、戦争は大日本帝国が行う正式の「戦争」になった。それまでも、中国大陸において実質的には侵略戦争を行って、中国人を殺戮し、日本軍人も多数命を失っていたのだけれども、それは「事変」とよばれて、正式の戦争とは見なされなかった。これは単なる日本側のたてまえだが、一二月八日を境に、実質的にも米英をはじめとする連合国との戦争になって、戦局は苛烈さを加え、昭和二〇年八月十五日の敗戦へと続いて行く。

「一二月八日」の太一の日記は、「日米宣戦布告になった由。いよ〳〵初(ママ)まる」とあり、「キリリと身のしまるを覚える」とは書いてあったが、それほど重大事とも意識していないように見えた。しかし事はそれほど簡単ではなかった。以下、苛烈化して行く「大東亜戦争」下の太一日記を見て行くことにしよう。

【昭和一七（一九四二）年】 紀元二千六百二年

太一が使用している日記帳に、この年から神武天皇即位以来という「(皇紀) 紀元何年」が表紙に大きく印刷されるようになった。

作引

1月14日「…（前略）…三、今夜寺寄合あり。木村様のは五割五分に決定す…」。

1月17日「一、作引願ひにまず大滝氏へゆく。五割を決定す。二、後、柳田へ、六割決定す…」。

この年も「寺寄合」で小作料についての協議をしているが、かつてのようなお願いではなく、木村家の小作料について、「五割五分に決定」という言葉が使われており、昭和一四（一九三九）年に制定された小作料統制令の下での現象であろうか。その後太一は、各地主巡りをしているがどの地主においても、すんなりと五割あるいは六割の「決定」が出ている。

翼賛壮年団・旗行列

2月15日「一、翼賛壮年団の錬成会あり、社会教育主事鈴木正敏先生のお話であった。一日。大変に熱烈な講演也。大いに感銘するところあり」。

2月18日「一、シンガポール陥落旗行列日である。九時半から学校で。後村中を行進す。二、午后お宮で祝会あり」。

3月27日「…（前略）…三、午后から鉄屑回収へ壮年団としてでる。…」。

大泉村においても、「翼賛壮年団」[1]の結成式が行われ、その「錬成会」が開催されて、聞きに行った太一も「大いに感銘」している。そこに、シンガポール陥落のニュースである。勝った勝ったというニュースが日本人を鼓舞している頃である。翼壮は講演会など戦意昂揚活動の他に鉄屑などの戦時物資回収の奉仕をしているようである。これは注に見る飽海の北平田村の事例と同じである。

(1)筆者は、庄内地方における翼賛壮年団について、かつて山形県翼賛壮年団本部常務理事をした飽海郡北平田村大字円能寺の鳥海憲一に話を聞いたことがある。その談話によると、「翼賛会は村（行政村）レベルでは名簿を県に提出しただけで運動はしない」。これに対して「翌壮」は、「大政翼賛」の精神を各市町村を廻って説いた。「新しい人でやるというので、村議などはむしろ排除した。実質的な運動としては、屋敷の欅を供出する供木運動、鉄の回収などだった。そこに石原莞爾の影響が入って来て、翼賛会と対立した。『反東条』の形になってきて、警察の監視がつくようになり、秘密の会合等もやった。そうなると翌壮本部も召集を受けるようになり、自分も応召した」（一九八三年七月の著者の調査ノートによる）。

安吉転職

2月5日　「安吉より久々の来信。順撫軍はどこも左前で近日中転職するからとのことあった。雪子と一緒に行ったことからどうも財政困難であったらしい。去年の今頃も随分と苦労したのであるが、一年経って亦々こんな心配をせねばならんと思ふと困ったものだ。今迄とは違ひ一人身ではないので心配しているところだ。しかしそう心配しても初（ママ）まらん」。

相変わらず弟のことで太一は頭を悩ませている。安吉が就職した巡撫軍とは、どのような組織か不明だが、「左前」とはどういうことか、軍の関係組織ではなかったのだろうか。結婚して妻と一緒に行ったので、太一は心配である。

弥生のその後

3月9日　「弥生を後妻に貰ひに来る。□□（不明）屋長谷川弥惣兵エとか。大山の田中里女といふ女である。余り芳しいところでもなかったが」。

3月17日　「…（前略）…二、…私は弥生の嫁入りのことで清水新田の太郎左エ門へ行ってきいて見る。…母、鍛冶屋からきくところによると庄太郎は人並み以下の人間である由。又もって駄目と決る。…」。

3月22日　「…（前略）…二、弥生、晝迄雑魚売りに。…」。

3月25日「…（前略）…四、弥生は一日餅売りに。五、今晩部落会長のことにて相談。…」。

11月13日「…（前略）…五、晩弥生のことで藤沢の孝吉君へ行ってきいて来たがどうも思はしくなかった…」。

離婚した弥生にはいろいろと縁談が来るが、どれも満足できない。弥生自身は祖父が獲った雑魚や、家で作った餅の振売をして家の経済を助けている。

翼壮農事講習会・分施法

3月6日「一、壮年団の農事講習会である。田中正助先生が来村になる。初めて分施の原理をき、これならば成程と思った。やはり実際土に足をつけてゐる人の、百姓の話は一番百姓する身にははっきりとくみとられるのだ。大いに得るところあった。初めて分施の原理が判った。…」。

7月12日「…（前略）…二、学校で青年団主催の分施の講話会あったので行く。余目倉庫の林友三郎（ママ）氏、松柏会の関係で来てくれたらしい。とにかく熱心なものだ。得るところあり。…」。

7月21日「…（前略）…三、大山割へ分施する。Ｚ（ママ）大凡百匁位。但し下八枚へは三十匁位也。…」。

翌壮の行事として、分施法の講習会があったことに注目したい。戦意昂揚や戦時物資回収だけではなかったのである。分施法とは、簡単に云えば、庄内稲作に革命的な増収をもたらした追肥技術のことであり、山形県東村山郡金井村江俣の田中正助によって創出されたという。また山形県農試技師の佐藤富十郎によって研究開発されたもので、それを自分の田で実地試験したのが田中正助だという説もある。何れにせよ、それが庄内地方に伝わって、例えば旧庄内藩士団の論語読みの修養会と結びついた庄内松柏会、それとは別に純粋の稲作技術研究を目指した篤農家集団の天狗会などによって農民に普及して行った(1)。大泉村では、当時の食糧増産のかけ声の下、翼賛壮年団が田中正助を招聘して分施法の講演会をやったのであろう。青年団も、講話会に取り組んでいる。どうやら、分施法はこの辺りでも注目の的になっているようである。太一も早速実施している。なお、余目倉庫の「林友三郎」とあるのは、「林友次郎」の間違いではないか。ここで余目倉庫といわれているのは、酒田米穀取引所の山居倉庫が大正三（一九一四）年に東田川郡余目村（後余目町、現庄内町）に建設した支庫である[2]が、林友次郎がその支庫長を務めていた。林は山居倉庫の米穀増産運動の先頭に立って、試験田を設け篤農家を招聘するなどして稲作の研究に努め、自ら庄内各地の稲作技術の指導に当たっていた[3]。名前を書き間違えているということは、太一は、林を中心とする分施法などの稲作技術研究の篤農家グループとは、それまでとくに親しい交流は無かったということだろう。

(1)これらの点については、前掲、拙著『庄内稲作の歴史社会学——手記と語りの記録——』二六一～二、二七七～二八〇、二九〇～二九一ページ、を参照されたい。
(2)株式会社酒田米穀取引所『酒田米券倉庫由来及現況』一九二一年、九ページ。
(3)庄内人名辞典刊行会編『新編庄内人名辞典』庄内人名辞典刊行会、一九八六年、五三四ページ。

塩・味噌・醤油の配給

3月29日「一、今日は味噌煮をする。…四、夜塩の配給のことについて集まる。…」

4月19日「今夜寄合ひあり。主な配給のことについて（みそ、醤油の件）」。

4月27日「…（前略）…四、配給物資の割当を為す。面倒臭くてやり切れん…」。

5月20日「…（前略）…三、配給物の配給を為す。鰊、地下足袋、マッチ。…」。

5月27日「…（前略）…二、午后、塩鰊が来たといふので配給準備を為す。厄介なもの也。今頃来たのではくさくてたべられないだろうに」。

6月2日「…（前略）…二、砂トの配給あり」。

戦時の統制経済で農村部にもさまざまな配給が行われている。しかし、味噌を自分で煮ている農村に、そのための塩の配給なら分かるが、味噌の配給とはどういうことだろうか。魚の配給などもあって、「面倒くさくてやり切れん」とは正直な感想であろう。「臭くて食べられない」塩鰊の配給等もあった。後の太一の証言によると「部落常会の頃、経済班長だった。配給物資の仕事をした」という。「砂ト」など、農村では日常的には使われていなかったものの配給があって、それが善かれ悪しかれ農村部における食習慣の変革になった面もあるのかもしれない。

京浜地方空襲

4月18日「…（前略）…三、京浜地方空襲を受ける。…」。

この「京浜地方空襲」とは、太平洋上の航空母艦から発進したB25爆撃機による最初の日本空襲であろう。四月一八日の空襲をその当日のうちに日記に記しているのは、まことに早い。ラジオの情報であろうか。この時の攻撃機は、爆撃後中国大陸に退去したことでも知られている。この後、日本国内は頻々と空襲を受け、広島、長崎の原爆に至る迄、凄惨な被害を受けた、その始まりである。

暗渠排水事業

4月3日「一、暗渠排水のことについて土木事務所より掛員出張になる。…」。

7月5日「…（前略）…休日なれど私は朝から暗渠排水の杭打ちに一日出る。…」。

7月18日「一、暗渠排水の測量に出る。一日。…」。

戦時下の食糧増産政策の一環であろう、暗渠排水事業が行われている。飽海郡の北平田村では、山形県事業の「時局匡救農山漁村救済低利資金」によって、昭和六年頃に行われているので[1]、それに較べれば遅いが、これも何か当時の公的資金の助成によるものであろう。

(1)この点については、前掲、拙著『庄内稲作の歴史社会学――手記と語りの記録――』三〇〇〜三〇一ページ、を参照。

博の勲章と安吉からの贈り物

5月16日 「一、昼休み。博の支那事変行賞賜品をいただく。旭日白色桐葉章であった。勲八等」。

5月31日 「…(前略)…四、安吉より純綿物の小包到着せり。(さらし二反、タオル三本、肌着一着、服地四尺)。

珍品、感謝の他なし」。

中国大陸に渡った弟二人とは相変わらず密接な交流がある。とくに安吉から「純木綿物」の小包が送られて来て「感謝の他なし」と書いている。戦時下、物資が払底して生活が困難な中で貴重な品の贈り物であり、感謝の気持ちはよく分かる。それにしても、日本内地で入手し難い品が、「満州」にいる安吉の方が手に入ったのであろうか。巡撫軍を辞職して求職中だったはずだが。内地よりも「満州」の日本人の方が物資が手に入ったとすれば、このこと自体、当時の「満州」における日本人の地位を物語っていよう。ただしそれは一時のことであって、やがて敗戦による苛酷な運命に見舞われる。

大詔奉戴日

10月26日 「…(前略)…四、好、早朝東京方面の修学旅行に出発す」。

12月8日 「一、秋霜肌をさす暁。村の壮年団の暁天大会を奉安殿前にて挙行する。十二月八日、米英撃滅の日也…ラジオを前にして大詔奉戴大東亜戦争一周年記念国民大会へ参加した。…」。

好とは、大正一五年生まれの末の妹である。明治二五年以来、白山の小学校に高等科が置かれ、大泉尋常高等小学校となっていた[1]。その最終学年になって修学旅行だったのであろう。しかし、それにしても、東京方面の修学旅行などこの年にはまだ可能だったのだろうか。

大詔奉戴日、一二月八日である。戦時中は毎年これだった。奉安殿前というから、学校で行われたのであろうが、国民大会はラジオ放送で行われたようである。太一も翼賛壮年団として参加している。

(1)『角川日本地名辞典6 山形県』一九八一年、一五五ページ。

【昭和一八（一九四三）年】 紀元二千六百三年

小作料打ち合わせの書類

1月5日「一、組合よりの小作料打ち合わせの書類を村中へ配る…」。

「組合」からの「小作料打ち合わせの書類」とは気になるが、ここでいわれているのは、戦時体制下で強権的におし進められた「適正小作料」関係の書類であろうか。そうだとすると、小作農の太一にとっては、かなり有利な内容だったはずである。それを発出した「組合」とはどういう組織か。菅野正によると、「庄内の適正小作料の実施は、飽海郡は共栄組合、東西田川郡は農業報国会（町村によっては農家互助組合等の名称等を用いたところも若干あった）という自主団体が事実上の決定機関」となって推進された。「ただしここで自主的団体といっても、…特高警察や小作官が事実上の指導権をにぎって」いたという[1]。大泉村における実態については、残念ながら著者は詳らかになしえない。

(1)戦時体制下の小作料政策については、菅野正『近代日本における農民支配の史的構造』御茶の水書房、一九七八年、七五〇ページ以下、とくに七七四ページを参照されたい。

博の退職と再就職

1月23日「…(前略)…二、博へ出した手紙不明とかでもどって来る。一体どうしたことだらう」。

2月9日「…(前略)…二、博へ打電する。テガミツカヌカ　スグヘンタノム。…五、突然安吉より来電あり。ヒロシノテハイナラズヤムナクカヘスヤス」。

2月12日「一、待ちに待った安吉、博よりの手紙来る。やはり博、突然天津へ行き、居所も判らぬので、ひどい目に合ったらしい。行政整理に依って退職になったらしい。これはまあ仕方ないとして、安吉も相当苦心したが来電に依ればトテモ駄目で新京へ帰ったらしいが、さて一体どうする気か、とにかく鶴岡の職業指導所へ求職の斡旋方を依頼してくる。午前履歴書を書いたり。…」。

2月14日「一、今日は娯楽日といふわけで父と弥生を鶴岡座へ『ハワイマレー沖海戦』の映画を見せに連れて行く。二、家にたのしく帰って来たら博より来電あり。ピックリ(ママ)する。アスハジツルツク　ヒロ　とう〳〵彼は満州をやめて帰って来るのだ。さて今後の方針はと行迷ふ他にはない」。

2月15日「一、朝八時に博鶴岡へ着く、といふので大急ぎで大山から乗ったら幸ひに一緒になる。鶴岡からかへる。随分やせた。三十にもなって、浪人して相当憂うつになっている。元気がない。つかれたであろうが、可哀想に思はれる。…」。

3月26日「…(前略)…二、職業指導所より華北交通の採用試験三月廿九、山形であるからとの通知あったので博出鶴す」。

3月29日「…（前略）…博、華北交通会社へ採用決定す」。

娯楽といっても「ハワイマレー沖海戦」と戦争物の映画であるが、これは真珠湾攻撃からマレー沖海戦と、敵艦を撃沈した内容だから戦意昂揚の一環だったのである。連絡が取れずに心配していた博が、「満州」の職場を行政整理で解雇され、家に戻って来た。当時の「満州」が農家の次三男の就職の場であったこと、しかしそこも必ずしも安泰ではなく、解雇されることもあったこと、そして再就職がまた「華北交通」と中国大陸であること、など当時の状況が判る。

供米督励

3月19日「一、今日の午后、供米のことで学校へ、村民一同参集す。田川地方事務所長長瀬氏来りてピリ〳〵とやられて全く困窮の他はない。…」。

4月21日「…（前略）…二、今日も部落会長等、米のことで役場へ集められて、今度はいよ〳〵自家保有米も供出しなければならぬらしい。…」。

他方、農家にとって戦時は「供米」の問題としてのしかかって来る。役人から「ぴり〳〵とやられて」と書いているが、余程厳しい話だったのであろう。そして、各部落会長が役場に集められて自家保有米も供出しろというお達しである。

警戒警報発令・肥料不足・アッツ島全滅

5月12日「…（前略）…警戒警報発令となる」。

5月14日「金肥の施肥をする。石灰N（ママ）出来。肥料不足にはほと〳〵こまってしまふ」。

5月30日「…（前略）…四、アッツ島全滅の報あり」。

警戒警報のサイレンが、ここ庄内地方の農村部でも鳴り渡ったようである。そして肥料不足、そこに「アッツ島全滅の報」、まさに苛烈な戦時下の農村である。なお、アッツ島とは、アリューシャン列島中のアメリカ領の島であり、太平洋戦中日本軍が占領していた。そこに、この年五月にアメリカ軍の反攻があり、守備隊二六〇〇余名が全滅した。

田植時期に生鰮の配給

6月1日「一、田掻きもそろ〱今日で出来る、といふので我張る（ママ）。…二、この忙しいのに生鰮の配給…」。

6月29日「…（前略）…二、工業学校で除草手助に三人来てくれる…」。

田掻きから田植の忙しい時になんと「生鰮（いわし）」の配給、「経済班長」はお役目を果すのに四苦八苦である。この頃「イカの配給」と云う記事が連続する。他方、戦時動員で労働力不足のなか鶴岡工業の生徒が、勤労動員で除草にきてくれる。なお、ここでいわれている「工業学校」とは、当時の学制による中学校（旧制）レベルの学校であり、鶴岡にあった。

弥生祝儀

6月20日「一、祝儀日である。小雨もようの天気もどうにか晴れる。二、荷背負は、矢馳の庄一君から苦労をしていただく。…」。

6月21日「…（前略）…三、安吉より祝儀寸志として廿五円の為替をいたゞく」。

6月22日「…（前略）…二、博、新京より送金あり、七百二十四円十一銭なり」。

6月25日「…（前略）…一、弥生、今日来る。案外面白そうであるから安心だ。…」。

7月13日「一、弥生朝早く除草手傳ひに来てくれる…。」

弥生の再婚である。安吉、博の二人の兄からもそれ〲外地から祝儀が届いている。それにしても、博の七百二十四円とは巨額である。祝儀と云うよりは実家への仕送りなのだろうか。三日程たって弥生が来たが、「案外面白そう」で安心している。除草にも来てくれる。

ラジオ壊れた・修理

8月13日「…（前略）…五、ラジオこわれてしまった。…」。

8月14日「…（前略）…二、ラジオ孝一郎君と二人でいろ〲やって見たがとう〲駄目である。もっとも朝程会社へ行ってみたが一週間も待たねばならんので、三日町の丸谷へ行ったら、ヒュウズが切れて居り直したら大丈夫となったので家でやったらアース線を入れるといつも点燈してゐるので。…」。

9月2日「…（前略）…ラヂオ（ママ）こわれてしまった。…」。

9月6日「…（前略）…二、ラヂ（ママ）オ修理するに出鶴す。修繕料を支拂ふ。…博の新京よりの俸給為替金を受取って支拂ふ」。

ラジオが壊れて色々やってみるが要するにヒューズが切れていたようである。その後に「アース線を入れる」云々とあるが、どんな「線」を入れたのであろうか。しかし、当時は各種警報を聞くなどラジオは重要な役割を果たしていたので、また聞こえるようになってほっとしたことだろう。ところが、半月たってまた故障である。すぐ修理に出し、貴重な博の新京からの送金で支払いを済ます。なお、欄外注記によると、修理料は三円五十銭である。

軍神慰霊祭・中学生農作業手伝い

8月22日「…（前略）…四、安吉へ、支那事変第一時（ママ）論功行賞発令になったとの天津総局より通知あり…」。

9月19日「…（前略）…三、外内島(とのじま)の良吉君も出征へ、見送りに行く」。

9月25日「…（前略）…四、今夜、寄合あり（中学生八十名手傳ひに来るといふので）」。

9月29日「…（前略）…二、アッツ玉砕軍神部隊の合同慰霊祭日」。


この頃、出征、戦死、時に帰還などの記事が相継ぐ。「アッツ島玉砕軍神部隊」の合同慰霊祭とは、全国的な行事だったのであろう。悲惨な守備部隊全滅の報に動揺しないよう戦意昂揚の慰霊祭である。「中学生八十名手伝い」とは、秋の農作業への手伝いだろうが、むろん旧制中学の生徒である。

配給各種

10月15日「…（前略）…二、忙しい最中に魚の配給あり。あなご也…」。

10月18日「…（前略）…二、配給物あり、菓子、大変…」。

11月11日「…（前略）…今夜部落会長来りて明日菅代(ママ)より木炭二十六俵受け取って呉れとのことで、これは大変と思ひ、いろ〳〵相談の結果明日はとにかく私のみ行きいづれ晴天の日にゆっくりと受け取ることにしてやる。三、博へ、満州より建国神廟記念章来る」。

11月12日「一、ひどい荒天だ。他村では、木炭のこと丶いふのでずぶぬれになって人馬とも菅ノ代へ上る。私は自転車にて行く。二十六俵を受け取ってまづゆっくりする。…」。

11月19日「一、村中より二十六人を菅ノ代へ木炭運搬に出てもらふ。雪まじりの荒天なれどとにかく決行…」。


稲刈、稲上で忙しいなか配給の記事がしばしば出て来る。「あなご」だったり「菓子」だったり、その度に経済班長は「大変」である。ただし「木炭」の配給は有難かったようで、各村とも受領に真剣である。日本は「満州」の「建国神廟」なるものを作ったようで、これも「満州国」の正当づけのためであろう。

暗渠工事

12月11日「…（前略）…二、今夜寄合あり。暗渠に皆出ることを約束す」。

12月25日「一、暗渠へ出る。午后、分会の總会へ。大変寒い日であった。国民服を着用して行く。馴れんので一番寒かった…」。

部落の寄合があって、暗渠工事が始まることの連絡があったのであろう。皆出ることを「約束」したようである。この後、太一の家でも連日「暗渠へ出る」の記事が続いている。二五日の「分会の総会」というのも部落レベルの寄合か？おそらくは買ったばかりの「国民服」をふるえながら着ていったのだから村（行政村）レベルかもしれない。なお、ここでいわれている国民服とは、戦時期に制定され普及した日本国民男子の標準服である。カーキ色（国防色）の軍服にも似たデザインだった。

安吉夫婦の子供

12月19日「…（前略）…三、安吉より来信、津（ママ）の写真入って来た。男の子の様だった。丸々と太って可愛らしい姿である」。

安吉夫婦の初めての子供の写真が送られてきた。目を細めている太一の様子が目に浮かぶ。名前は「津」と読めるが、後の家族名簿では「律」となっている。ここでは、日記に記されている通りに記録しておく。

【昭和一九（一九四四）年】　紀元二千六百四年

兵役四五歳迄

1月1日「一、月末迄みっしり暗渠排水工事にかゝったので、日記帳求めず。ちっとも正月気分のしない元旦であった。…三、今日年頭挨拶へ父の代理としてお宮へ行く。今度満四十五才迄兵役へ編入なった由」。

暗渠排水工事が一月になってから一か月かかったようで、日記帳を買うことが出来ず、したがって、一月の日記は後から書いている。この元日の記事で見ると、これまで年頭の挨拶には父親が出ていたようである。すでに昭和四年の阿部太治兵衛家の破産以来、阿部太一が小作ながら一家の戸主になっていたはずで、家の経済の管理や部落の経済班長などの役職も太一が行っていた。村のなかの儀礼的な年頭の寄合などは父親が出ていたのだろうか。附記的に記されているだけだが、満四五歳まで「兵役」に該当するようになったようで、戦局が厳しくなって、兵士に駆り出されるのが若者だけではなく、ほとんど中年迄上昇して来ているのである。

農業会発足

1月14日「…(前略)…午后、産組の臨時総会、今後農業会として新発足することになる。…」。

戦時下、本来別の性格だったはずの農会と産業組合とが合併させられて「農業会」となり、政府の下部機関として農業・食糧統制を一元的に把握するようになった。つまり、組合員の合意に基づいて結成された「組合」としての性格は完全に失われたのである。(1)

(1)戦時体制下の農業諸団体の統合に関しては、前掲菅野正『近代日本における農民支配の史的構造』八三八ページ以下、を参照されたい。

安吉の贈り物

1月17日「…(前略)…二、午后日和町で安吉のものを持って来る。メリヤスシャツ一、煙草三、タオル三本、ビスケット三ツ、ズロース一、落花生菓子一箱、長靴（中古）一、珍しいもののみである。…」。

ここで書かれている「日吉町」とは、後の六月三日の日記によると、安吉の妻雪子の実家のようである。その贈り物がいかにも当時の物のない時代を示しているので、引用しておく。前にも安吉からの贈り物に感謝している記事があったが、今度も「珍しいもの」と感謝している。

供米の強要・部落役員辞任届

2月7日「一、村勘定である。二、それはよいとしても、今夜供米の件にて、村長、田川事務所、県からと、偉方が来て、血の出る様なひどい言語で米を出せとのこと。償給米（ママ）もへったくれもあったものでない。全部供出だ。…」。

2月10日「一、今日いよ〳〵飯米全部の供出日だ。全部で三十二俵を入庫する。計米一六九俵也。これで部落も全部完了する。やれ〳〵と思ひ也。二、今夜亦寄合ある由なれど通帳をやって早く寝る」。

2月28日「…（前略）…二、午后、部落会長へ経済班長、部落委員の辞任届を出して来る…」。

村勘定の寄合に村長、県事務所などからお「偉方」が来て「血の出る様なひどい言語で米を出せ」と脅迫する。「償給米」とは具体的内容は分からないが、割当完遂者への何らかの優遇措置であろうか。しかしそれは名ばかりで、「全部供出」という強要である。数日後「飯米全部の供出日」、三十二俵を入庫して、これで部落として完了。やれ〳〵という思いで夜の寄合は欠席である。ここに記されているのは、戦時末期の「部落責任供出制度」の姿であろう。つまり個別農家ではなく、部落を「供出完遂の責任主体」とする供出制度である。(1)

このような状況の中で、太一はとうとう部落役員の辞任届を出す。こう忙しく、しかも無理強いされてはやってられない、ということだろう。このあたり、部落の役員といっても、各人がそれぞれの判断で引き受けたり、引き受けなかったりする、個別農家の相対的自立性の上に立っている庄内の村つまり部落の特質をよく表している行動であり、かつ太一が戦時体制のあり方に抱いていた意識を示す出来事として、注意しておきたい。

(1) 戦時体制下の供出督励のために村つまり部落が果たさせられた役割については、前掲、菅野正『近代日本における農民支配の史的構造』、八七五ページ以下、を参照されたい。

男は皆出征せねばならぬ

2月29日「一、柳田の安達岩雄君の入営へ見送りに行く。今日は全部入営なので皆元気よかった…」。

3月2日「一、縄なひをする。二、昼頃、弥平治さんが来りて、勇吉叔父上が明日出征するから来てくれとのことで、午后早速行く。勇吉も大変に老けて見えた。夜二時頃迄龍飲して大変だった。三十八才だ。これも、しかし私等もつゞかねばならぬのだとつくぐ〳〵思った…」。

3月3日「一、大変なお天気。出征日和である。二、鶴岡駅迄一緒に行く。大変な人の波。男は全部出征せねばならぬのだ、とつくぐ〳〵と思はせられる。駅から徒歩で帰宅する」。

また入営の見送りであるが、続く「全部入営なので皆元気」という言葉の意味はどういうことだろうか。一人だと本心が出るが、村の人皆だとお国のためにと元気を装って出て行く、というといささか穿ち過ぎだろうか。しかし二日後の日記は、召集が相継いで村に若い男性が少なくなり、次第に家と村の中軸である年令の人になって来ている状況に対する、太一の正直な感想である。「龍飲」（と読める）と云う言葉は知らないが、要するに出征を前に家族、知人、そして本人も、我を失う迄飲んだということだろう。そして翌日出征である。「大変な人の波」に、「男は皆出征せねばならぬ」事態を再確認させられた太一である。鶴岡駅から白山迄徒歩で帰ったと云うところにも、太一の気持ちの昂りが感じられる。しかしそれにしても、このうち何人が故郷に帰って来たのであろうか。

流言・東亜連盟加入

3月9日「…（前略）…二、シズヤ□(不明)店からきいたことだが、現下の国情は名筆(ママ)につくせない程難局なってゐる由。朝鮮独立云々等々。三、東亜連盟へ加入させられる」。

3月26日「…（前略）…二、夜、市左エ門宅で東亜連盟農事部の打合会」。欄外注記に「東亜連盟農事部会費五円」。

3月30日「一、東亜連盟農事部の講演会へ行く。高瀬村菅野谷地西山農場へ。二、汽車は大変であった。三、本楯へ下車したのでこれ亦大失敗をする。…」。

「一億一心」の総動員体制にもかかわらず、この頃になると、次第に「現下の国情」についての「名筆（筆舌カ）につくせないほど難局」などの流言が飛び交い始めている。そのようななか、太一は「東亜連盟加入させられ」た。このことをどう理解するか。石原莞爾は東条と対立して、予備役に編入されてから、出身地庄内に住んで独自の思想運動に取り組んだ人であり、そこに組織されたのが東亜連盟だからである。だから、太一が東亜連盟に加入したということは、少なくとも当時の一般的な支配体制とは距離を置いていたと見ることができよう。しかし「加入させられ」たという表現は東亜連盟にそれほど熱心に加盟した様にも見えない。二六日の記事によると、東亜連盟の農事部に入ったようで、「酵素肥料」など東亜連盟農法に関心があったのかもしれない[1]。三〇日の記事では、東亜連盟農事部の講演会を聞きに行ったようで、やはり東亜連盟の農法に関心があったのであろう。その講演会が高瀬村西山（現遊佐町菅里）で開催されたのであろうか。この場所は石原が昭和一六年退役になって庄内に戻ってから住んだ鶴岡から戦後転居し、その後墓所となったゆかりの地である。

(1)庄内における東亜連盟については、とりあえず、前掲、拙著『庄内稲作の歴史社会学――手記と語りの記録――』二六五〜二七六ページ、を参照されたい。

役員手当に不満

3月11日「…（前略）…三、午后初寄合也。部落長へ百円、副〃〃へ三十五円、経済班長十五円…其の他、金銭のことで云々するのではないが経済班長は実際のところ五十円は至当と思はれる。組合から十五円の手当を貰ってゐるのだが、それを入れての三十五円だ」。

4月11日「…（前略）…二、魚の配給をする。これで私のやるのは最後のものである。各組長さんへヱビ二円五十銭位宛無償で残余金から出してやる。皆大喜び。…」。

この記事は面白い。二月に部落役員の辞任届を出したはずだが、まだ任期は続いていたのだろう。部落の寄り合いで役員の手当を決めたのだが、太一は経済班長、その三十五円に不満で、五十円は貰って当然というのである。これまで見て来たように、経済班長は大変に忙しく、とくに配給は、臭い魚など農民生活には何の役にも立たない物資の配給もあり、しかも連日という状況で、太一にとっては困りもの以外の何ものでもなかったのである。この数日後三月一三日には、「配給も全くいやになって〳〵仕様ない」という表現も出て来る。そして四月一一日が最後の経済班長のお務めになった。残余金でエビの無償配布をやって喜ばれている。これもささやかな抵抗であろうか。

ラジオ真空管修理

4月12日「ラヂオ(ママ)こはれたが、会社へ行ったら、真空管ないので駄目で、丸谷へ行く。…」。

4月16日二「一、午后出鶴、ラヂオ(ママ)出来る。『あの旗を撃て』を見て来る。…」。

ラジオは真空管式である。真空管は切れやすく、貴重な部分品だった。懸命にラジオの戦局の情報に聞き耳を立てたものである。「あの旗を撃て」とは、フィリッピン戦線に題材をとった戦意昂揚映画である。当時フィリッピンは、アメリカの植民地だった。したがって、「あの旗」とは星条旗つまりアメリカの国旗である。

召集他人事でない

4月19日「一、伊藤伊三郎君の出征日である。人事ではないとつく〴〵思ふことあり。…」。

出征する伊藤という人は分からないが、太一と年配が近い人なのであろうか。召集年令が次第に上がって来て、「人事」（ひとごと）ではないとかみしめている。

東亜連盟農法に批判的

4月16日「一、種蒔きをする。木村式の一合播きは出来ん。晝迄やって出来る…」。

5月11日「…（前略）…二、今日午後に寄合あり。実行組合の總会をかねて松柏会の苗代実地指導山田である由、五十嵐長蔵君わざ〳〵報せてくれたけれど、臨時常会のため欠席す。…」。

5月15日「午后、東亜連盟の農事部の酵素肥料の実地指導あったけれど、不参。市左エ門宅にて」。

「木村式」といっているのは、東亜連盟の木村嘉久郎提唱の「木村農法」のことであろう。東亜連盟農法には、酵素肥料という独自の方法があり、当時の肥料不足のなかで農民を引きつけたが、太一は批判的なようである。松柏会も苗代指導、食糧増産に懸命のこの時代である。それを知らせてくれた五十嵐長蔵とは、白山と同じ大泉村の山田部落の人で、篤農家で山田錦などを作出した育種家である。(1)

(1)東亜連盟農法については、前掲拙著『庄内稲作の歴史社会学――手記と語りの記録――』、二七三〜二七五ページ、を参照されたい。また五十嵐長蔵については、同書、二九一ページ、を参照。なお、五十嵐には、『稲とともに――多収の理論と実際――』農業庄内社、改訂第八版、一九八一年、という著書がある。

人手不足・中学生勤労奉仕

6月1日「一、今日より、中学生の奉仕作業である。二十五人の由なれど、私の組へは五人。…」。

6月9日「一、一日田掻き。洞谷植付。仲々不□(不明)らぬ。人手不足には参ってしまった。淀川へ二回走ったけれど、トント当にならぬ。…」。

田植の季節、「中学生の奉仕作業」が来てくれているが、「人手不足」には「参ってしまった」。いうまでもなく、兵隊にとられて、とくに男子労働力が不足しているのである。

米の配給

6月4日「…(前略)…五、今夜寄合あり、米の配給の件、其の他」。

6月6日「…(前略)…二、晝、大山営團へ、米の受給にリヤカーにて走る。太一六・五、甚兵エ四、長四郎三・四、市左エ門四、長治郎三・四、二二人・五」。欄外注記「米配給四斗 一九円六七出」。

米の配給がこの稲作地帯にもおこなわれてる。「リヤカーにて走る」と云う記事が問題の切実さを物語っている。ここの人数の数字は一寸あわないが、ともあれ太一の家は配給四斗、一九円余を出したようである。

勤労奉仕中学生と学童

6月23日「一、中学生二人と学童四人（但し午后三人）…

	中学	学童	計
太一	五	四	九
甚兵エ	三	五	八
市左エ門	六	八	一四
長四郎	六	五	一一
長治郎	五	五	一〇」。

勤労奉仕の記事が連続する。二三日の記事はこの日太一の家に来てくれた人数であろう。その左側の表は、ある程度規模の大きい家の受け入れ予定の数字だろう（名前はおそらく屋号）。中学生（旧制中学生つまり現在の中学一年から高校二年まで）だけでなく、学童（つまり国民学校、現在の小学生）までが動員されている。

6月29日「一、上の谷地の除草、丸菅拾ひと。
午前国民生徒女十四人手傳ひ。午後は長四郎へ十三人…」。

7月12日「一、高畑除草。物凄い位の草生へだ」。

勤労奉仕も、除草になると国民学校つまり小学校の女子生徒の動員になっている。「物凄い位の草はえ」はその当時の労力不足のためである。

サイパン島全員戦死・東條内閣総辞職

7月19日「…（前略）…三、サイパン島全員戦死の悲報。四、東条内閣總辞職。六、ひし〳〵と重圧を感じて心暗し」。

7月22日「…（前略）…三、小磯国昭大将に大命降下…」。

「サイパン島全員戦死」、これまで戦争を主導して来た東条内閣総辞職。後継は小磯国昭内閣であった。ともに陸軍大将。敗戦後、極東軍事裁判で東条は絞首刑、小磯は終身刑で服役中病没。「ひしひしと重圧を感じて心暗い」敗戦寸前である。

陸軍中佐点呼

7月28日「一、今日は一日點呼の予習日であった。散々油を絞られるというもの也…」。

7月31日「一、いよ〳〵點呼日である。執行官陸軍中佐三浦里美殿。大泉は良好の成績也。晝迄に終了。…」。

8月1日「…（前略）…二、點呼もすんでまづゆっくりした。今度はいつお召しがあるかも知れぬ」。

この「点呼」とは、如何なるものであったのか、報告者には分からない。推測になるが、召集年令に該当する男子の点呼だったのではなかろうか。だからこそ、陸軍中佐殿が「執行官」になっていたのであろう。そして、「今度はいつお召しがあるかも知れぬ」との文章が続くのであろう。いうまでもなく「お召し」とは召集のことである。

石原将軍の講演会・宿泊訓練

8月17日「…（前略）…二、東亜連盟で石原将軍の講演会常磐館にてある故八時すぎたけれど行く。一寸おくれてあった。お晝で終了。…」。

8月27日「一、宿泊訓練の初日也。西郷にて」。

東亜連盟石原将軍の講演会に出席している。二七日からの「宿泊訓練」なるものは如何なる行事なのか。この訓練は八月三〇日まで続いているが、何の説明もないので分からない。最後の日には、「午后より帰宅。声もかれてしまった」とある。西郷（にしごう）とは、西田川郡の東部砂丘地近いあたりの行政村（現鶴岡市）である。

女学生の勤労動員・入営連続・台湾沖航空戦

9月2日「女学生の勤労奉仕あり。七人貰う…」。

稲刈りである。「女学生」といっているのは、鶴岡高等女学校（現鶴岡北高等学校）の生徒であろうか。当時の女子教育機関としては、かなり上層の子供が通う高レベルの学校である。そこまで勤労動員が行われ、稲刈りを手伝わされたのである。この頃、九月二三日正雄、二四日庄治、二九日共弥など入営の記事が連続する。

10月16日「一、台湾東方海上大戦果の報来る。…」。

10月17日「…（前略）…三、台湾沖の大戦果は全く有難きことだ。…」。

いわゆる台湾沖航空戦である。台湾東方沖に侵攻したアメリカ機動部隊に対して日本の基地航空隊が迎撃した。アメリカ軍の損害は軽微であったが、日本側は大戦果と誤認して大々的に報道した。「全く有難きこと」と喜んでいる。藁をもつかむ思いだったのであろう。太一周辺では、「新入営者」の壮行会が行われている。

安吉の妻帰国・物資不足

10月26日「…（前略）…三、タバコ行列買ひ猛烈なり」。

11月4日「…（前略）…二、出鶴す。理髪やる。安吉の小包未着のこと、局へきいたら六ヶ月もかかる由也。…」。

11月19日「…（前略）…二、安吉より来信。雪子を当分国元へ帰すからとのこと。仝じことで日和町よりも来る。そのことで相談に来る。打電す『カヘレ　シンパイスルナ』…」。

12月10日「…（前略）…二、安吉よりの贈品日吉町の末子さん持参。私へは地下足袋、サルマタ、父母へは金百円也、たつえには雪子よりコート一枚。好へは手さげ、千代女には菓子。…」。

この頃になると日本国内の経済も大混乱である。物資不足でタバコ買いに行列が出来る。大陸との間の荷物も届かないなど、運輸交通も混乱している。大陸にいる安吉が状況を早くも察知したのであろう。妻の雪子を国元に帰すという。むろん太一の家も雪子の実家も、「カエレ　シンパイスルナ」である。雪子の、皆へのこまごまとしたお土産が心を打つ。翌日の日記の欄外注記に「安吉より送金百円也」と記されている。

松根掘り

12月13日「一、雪降りであるが、松根掘に行く。寒い〳〵…」。

12月15日「一、松根油の松根背負ひに行く…」。

当時、松の根株掘りをやらされた。松根油を飛行機の燃料にするため、といわれたが、本当だったのであろうか。この年、九月と一二月に、ポツポツと日記に空白が出て来る。とくに理由は書いてないので、何故かは分からない。

【昭和二〇（一九四五）年】紀元二千六百五年

日記帳も手に入らぬ・帝都空襲連日

1月1日「一、今年は日記帳も手に入らぬ。相当深刻な年柄であるらしい。…」。

1月3日「正月三日もすぎてしまふ。この頃は毎日の様に帝都の空襲あり」。

毎年書いて来た日記帳が、とうとうこの年手に入らなくなった。「相当深刻な年柄」と太一も認識している。使っているのは、どうやって入手したのか分からないが、昭和一六年の「学生日記」という日記帳である。正月早々「帝都空襲」が日記の主題になっている状況である。

供出米の割当

1月11日「今日一日供出米の割当を為す。家のは一八三俵也。どうも十俵位は不足であるらしい。半分平均割、半分は等級割。二、父、俵、たつえはむしろ、好は紡毛。三、大阪の鶴見十蔵君から米でも芋でも送って貰いたいとの手紙あり。…」。

この時太一は何の役員をしていたのであろうか。供出米の数量割り当ての作業をしている。保有米を家族員一人当たり五合とみたら、供出割当に足りなくなって、苦労している。記事の二は、俵編み、むしろ編み、紡毛と、父、妻、妹の家族員分業の姿である。三は、当時の食糧難のなか、知り合いの農家を頼って、米や芋などの「主食」をなんとかして入手しようとする都会人の姿である。「鶴見十蔵君」とは、かつて隣家だった鶴見家の四男のようである。(1)

(1)阿部太一編著『鶴見孝太郎小傳』鶴見孝太郎「孫の会」、一九七九年、一五一ページ。

自作農創設

1月19日「一、…組合の白幡さんから、鶴岡堀田正中自作農創設の同意書が来てゐるからとのこと故すぐ内交渉をする」。

1月20日「自作農創設のことにつき午后から組合へ行く。どうやら皆持ってくれることになった。美佐恵四反歩、太一三反三畝、金左エ門一反一畝八分、豊女五反五畝〇二歩…」。

1月21日「一、今朝鳩へ一発撃って見たが、あてぬ。二、治郎作へ行き、自作農創設のことについて種々お聞きして来る。…二、堀田様へは三時頃から、売るけれども全部のこと故、寺田、大淀川分をまとめて、とのこと故、近日中のことにする」。

戦時下、自作農創設維持政策が強化されたが、この辺りの一部地主が同意して、大泉村では具体的な動きになったようである。その集約に太一が動いているが、後の面接によると、「実行組合の役員を三二、三歳からやった」と語っているので、[1] おそらく実行組合の立場でこの仕事をしたのであろう。米の供出なども実行組合の仕事だったのであろう。

(1) 一九八五年時点の報告者の調査ノートによる。

この後、数週間分日記は白紙。

父血圧高い

2月12日「一、父、具合悪いので夕刻、松浦様から来て貰ふ。やはり血圧高き為め」。

当時、稲作地は白米ばかり食べるので脚気も多かったが、高血圧も多くて脳溢血で多くの人が亡くなった。太一の父親も血圧が高かったようである。

兎刈り・安吉への贈物

2月21日「一、鶴岡、大山方面猟友会の兎狩りに出席す。九時集合。相当寒気きびしかった。加茂とんねるの左手。二時頃迄に十八疋をとる。出席者二十五名。宴会は善宝寺の福茶屋にて…」。

2月22日「一、近日中天津へ寒河江順吉君の友人渡支するとのこと故安吉への贈り物をたくすべく出鶴。アラレ七升位と毛糸七把、ゼンマイ五十匁位、油紙二枚、するめ五枚、乾海苔一かん。あられはどうも重いもの故駄目らしい。託人へ白米二升をやる。五十嵐氏より火薬百匁いたゞいて来る。これで二斗分也。でもよかった」。

この頃、太一はしきりに兎狩りをしている。自分で作る農作物の他には食糧を含めて物のない頃、実利を兼ねた趣味だったのであろう。天津に行く知人に安吉への贈り物を託する。アラレ、するめ、乾海苔、ゼンマイ、など故国の味と、毛糸や油紙など日用の品である。兎狩りのための火薬と白米とを交換している。むろん統制外のヤミである。

「八月一五日」

この後、二月二五日以降、日記は途絶える。ただ、八月一五日にだけ――

8月15日　「一、日本無条件降伏。二、天皇陛下の御放送ありたり」。

と、普段より大きい字で書きなぐってある。そのこと自体、太一の気持ちを表現しているのであろう。

この後、時々日記帳の白紙ページを利用した、農作業の心覚えや買い物の記録など、メモが記されているが、日常の暮らしについての思いや行動の記録はない。さらにその後、昭和二一年から二三年迄は日記帳そのものがない。後の昭和二四年のごく薄い日記帳が、「終戦前後年日記を怠っていたので、本年から断片的に記録する」と書き始められているので、この三年間は日記帳が失われたのではなく、書かれなかったのであろう。

ただ、気になるのは、中国大陸に渡った二人の弟、安吉と博である。無事に帰ることが出来たのであろうか。書かれた限りの日記には、この二人の帰国の記事は見当たらない。しかし昭和二〇年の日記の末尾の空欄に記してある家族名簿九人のなかに安吉と博の名前があった。そこには、安吉の妻、おそらくはその子供と思われる娘二人の名前もあった。安吉の第二子は、昭和二一生まれと書いてあり、この名簿は敗戦後昭和二一年に書かれたものかも知れない。それにしても弟二人とその家族が無事帰国出来たとは、当時の状況としては、ほとんど奇跡ともいうべき幸運であろう。しかし気になるのは、昭和一六年八月に生まれたはずの太一の第一子の名がないことである。日記帳の記載のない期間に亡くなったのであろうか。戦時末期、医療事情の混乱がその原因だった可能性も否定できない。そうだとすると、昭和二〇年後半に日記が途絶えるのは、戦局の苛烈さとともに我が子の亡くなった悲しみにもよるのかもしれない。太一の母親は健在のようだが、父親の名前はない。高血圧のようだったが、敗戦前後の頃に亡くなったのであろうか。なお、なおその他に記されているのは、この頃阿部家で置いていた若勢の名前であり、この人も含めると名簿は一〇人になる。

8　それから――敗戦前後・農地改革の結果

【敗戦前後】

先に第7章の末尾に紹介したように、大正期から続いた日記は、昭和二〇年の途中から記事が中断して、それから敗戦後の昭和二一年から二三年までの三年間は、日記そのものが書かれていなかった。ただ、この頃のことについて、後に本人に面接した際の証言として、以下の様に述べているので紹介しておこう。

「終戦近い頃、部落の責任者の人は兵役免除あった。自分は終戦前、部落の副実行組合長。一七、一八、一九年頃、一年に一〇町位部落から田が離れた。労力不足、しかも反別の責任供出だったから。条件悪い田を他村に貸したものだ。まあ、作ってくれ、とこうだ。願って作って貰ったので、何も条件もつけずに貸した。一九年一一月二三日現在で、それ以前に貸した分はみな戦後の農地改革で解放。文書あるものなどなかった。借り手は大淀川、下清水の小経営の家に貸した」。

「昭和二〇年の生産低下はウソ。役所で下げろ、下げろと指示して来た。反収は、白山二石一斗位。肥料ないので下がった。肥料をヤミで入手した者は二石三斗くらいとった。例年より少し下がったが統計上ほどではない。人為的不作だ。役場でも供出割当を下げるためにしたこと。米軍の指示があって、怖いので。二割下げろと役場の指示あった。強権発動は昭和二一から二二年にあった。米軍が来て演説した。チンプンカンプンだったが、おっかなかった」。

「戦時中の肥料のヤミ。硫安一俵で米三俵位の値した。業者から現金買い。魚粕などヤミルートで買った。米との物物交換、個人でやった。農業会の会長がやってつかまった[1]」。

(1) 著者の一九八五年時点の調査ノートによる。

【農地改革の結果】

日記が復活するのは昭和二四年であり、この年は、これまでに較べずっと薄い小型の日記帳に記されている。しかも毎日ではなく、欠落が多い。とくに昭和二三年が書かれていないので、われわれにとってとくに関心がある農地改革時の太一の思い、行動は分からない。ただ、一部の土地についてトラブルがあったようで、次に掲げる昭和二四年の「一筆毎作付け状況」の表に、まだ買収が済まない「小作地」と「貸付地」が僅かながら残っている。その一部は農地委員会の判定でも決着がつかず、裁判所の判断にまで持ち越されたが、裁判所の調停は太一に不利だったようである。しかしその結論について太一は、「時勢のしからしめる所仕方ない、革命の時期だから。別に憎悪の気持ちもない。あっさりしたさば〳〵した気分でゐられる」と書いている。当時の小作人にとって、また逆の意味で地主にとって、農地改革はまことに「革命の時期」に他ならなかった。その結果が、次に掲げる昭和二六年の「一筆毎作付状況」である。先に見た昭和五年と一二年の「作田諸事一覧表」と比較して頂きたい。西木村荒田の二反二畝二九歩を始め、豊田等地主が所有する小作地で渡口つまり小作料を払っていた田地が、すべて太一が所有する自作地になって、したがって小作料は払わないことになっているのである。

表-3　一筆毎作付状況表（昭和24年、26年）

昭和24年一筆毎作付状況(1)

			反	畝	歩
	西木村81	荒田	2	2	29
	西木村21	高前	4	6	02
	東木村49	大山下8枚	1	3	03
	東木村50	〃 上	3	4	13
	興屋20	そくぼ	3	1	24
	東京田20	洞谷		2	03
	〃 21	〃		4	16
	〃 27	〃		2	06
	〃 23	〃		9	23
	〃 24	〃		8	11
	洞谷102	堰向		3	14
	東京田43	木下堰向		8	06
	東京田47	奥の割田		8	24
	東京田52	長田？？		6	27
	〃 63	折田		4	17
	〃 66	太郎左衛門下		2	25
	〃 71	水門		1	00
	〃 83	市郎左エ門		1	20
	〃 90	善兵タタキ上		0	19
	〃 95	八郎左エ門下		0	29
	〃 81	三角田		2	10
	〃 103	直土	1	3	19
	〃 106	通り田		1	06
	〃 109	まがり		0	20
	西野11	役場前		6	09
	〃 7	倉治脇		0	22
	〃 7の2	〃		0	20
	〃 6			1	26
小作	村北128	八郎左エ門		3	07
小作	〃 129	〃		0	19
小作	〃 127	〃		1	04
小作	東木村120	上の谷地	3	7	01
貸付地	村北32	新助田		8	27
自	作	計	24	1	23
小	作	計	4	2	01
耕	作	計	28	3	24
（畦	畔　共）	計	31	5	13

昭和26年一筆毎作付状況(2)

	反	畝	歩
西木村81	2	2	29
西木村21	4	6	02
西木村59-1	4	4	19
東木村49	1	3	03
東木村50	3	4	13
興屋20	3	1	24
東京田20		2	03
東京田21		4	16
東京田27		2	06
東京田23		9	23
東京田24		8	11
洞谷102		3	14
東京田43		8	06
〃 47		8	24
〃 52		6	27
〃 63		4	17
〃 66		2	25
〃 71		1	00
〃 81		2	10
〃 83		1	20
〃 90			19
〃 95			29
〃 103	1	3	19
〃 106		1	24
〃 109			20
村北32		8	27
〃 33・34		9	07
東京田21-1		0	14
西野73		0	22
〃 71		0	20
〃 32		1	26
〃 9		6	09
村北128		3	07
〃 129		0	19
〃		1	04
東京田144		3	19
〃 131		4	13
耕　作　計	31	7	22

(1)阿部太一『農家日記』昭和26年冒頭の「一筆毎作付状況」欄に記入された記録による。但、畑４筆、1反4畝07歩については省略した。
(2)阿部太一『農家日記』昭和27年冒頭の「一筆毎作付状況」欄に記入された記録による。
(3)両年次とも原資料は横書き、算用数字。計算が合わないところがあるが、そのまま記載した。

【昭和二五年以降】

その後、昭和二五年以降、使用されているのは『農家日記』という表題のかなり立派なものになるが、しかしその内容はいわば農家経営簿記ともいうべき内容になっている。つまり各ページの右半分は「労働日記」と題して、その日の作業内容、働いた人の名の記録、左半分は「現金日記」として毎日の収入、支出の金額の記録になっている。自由記述もあるがその欄はごく小さく、メモ風の記載になっている。したがって、これまで見てきたような太一の思いや行動、生き生きとした日常生活の姿は表現されていない。しかし逆に、経済的な意味での農家経営については、数字で把握できるように記載されている。著者の既刊の著書では、それらの数値によって、農地改革後の太一家の経営の動向について、耕地面積の変化、農業機械の導入経過、家族員と年雇労働力の変動、稲作労働時間、家計の状況など、概略ながら変化を追って紹介しているので、それと重複する紹介は避けたい[1]。要するに、庄内に典型的な大規模自作農として、しかも他家にとって模範となるような篤農家として推移しているのである。

(1) 拙著『家と村の社会学――東北水稲作地方の事例研究――』御茶の水書房、二〇一二年、「事例紹介――農地改革後のA家」三九ページ以下。

9　太一日記から見えて来るもの、来ないもの

【経営としての小作】

小作も、独立の経営である。自分の所有地ではないが、地主から土地を借りて、その土地を耕作して農業を営んでいるのだから、小作農民は経営主である。土地を借りている代わりに、地主に小作料を払っている。だから、自分で土地を所有して耕作している自作に較べて、一般に貧しい。しかし、他人に雇われて、他人の采配・指揮にしたがって働いているわけではない。この点、賃金労働者とは違う。

しかし、かつての日本の社会科学、例えば経済学の一部などでは、小作は、地主・小作関係の下にあるものとして、地主の土地所有との関係において、分析されるのが一般であった。そこに、「半封建制」という規定が与えられることもあった。地主・小作関係は、商品経済の「自由」な関係に媒介されているのではなく、「一切を包括する労働条件」としての土地所有によって地代を取得する関係だから、それは「経済外強制」に基づくことになると考えられたのである。[1] こうして小作農民は、自由な独立の生産者、経営者としてではなく、不自由な、土地に縛りつけられその土地の所有者に従属する存在として、認識されてきた。そのような半封建的な農業、農民を基礎において成り立っているのが日本の資本主義であると、ヨーロッパなどと較べての日本資本主義の特殊性が論じられ、論争を呼んだ。

このような経済学の一部などにおける認識の影響もあって、農村社会学の分野でも、いわば「古いもの」、「伝統的

なもの」の残存に関心が注がれる傾向があったように思う。そこには、日本民俗学の影響も関わっていたかもしれない[2]。日本農村社会学の先達の一人有賀喜左衛門の石神調査に広く関心が集まったのも、本人は右のような経済学などにおける研究動向には否定的であったが、大屋斎藤家とそれに率いられた名子分家等の一団からなる同族団[3]が「伝統的なもの」の残存の一形態として関心を呼んだからであることは否定できない。また、やはり日本農村社会学の先達の一人喜多野清一の「長政調査[4]」や「若宮調査[5]」は、これはみずから明言しているように、まさにこの「日本資本主義論争を念頭において出発している[6]」のである[7]。

有賀喜左衛門は、その初期の文献において、小作の諸形態を⑴血族分家によるもの、⑵主従関係によるもの、⑶土地家屋の質流れによるものと分類して、この第三の形態は、「比較的後に生じたもの」としている[8]。阿部太一は、元は豊かな自作農に属していたのであり、しかも隣家の債務保証によって土地を失ったのは「昭和」の時代であって、右の有賀のいう第三形態の中でも地主に対する従属性の薄い事例だったといえようが、しかしそれにしても、全くの小作農として再出発してからの彼の労働と生活、そこに発揮された懸命の努力、工夫と才覚を見て頂きたい。それは、決して地主に従属する非自由な農民などではない。確かに貧しい。太一は土地を失うことになる直前、「家のおとろへ程悲しいことはない」（四六ページ）と書いている。その後、「貧しい」という言葉は日記の随所に表われて来る（例えば八四ページ、一〇九、一一一ページ、一一三ページ）。そして、ある地主から、昨年度の小作料不納分に関連して「耕地は取り上げてしまう」と脅されてもいる（一一四ページ）。ここ庄内地方川南の西田川では、川北飽海の農民たちのように小作争議までには至らなかったが、しかし、「寺寄合」をしては地主に交渉する小作人たちである。そしてその土地をいかに経営するかを自分の頭を使って工夫し、努力する小作人なのである。

太一が自分の所有地でもない小作地、つまり地主の所有地を実測したのは、その土地をいかに合理的に耕作するか、そして少しでも収穫量をふやすか、という経営のためとしか考えようがない（七八ページ）。稲作だけではない。温床を作り、養兎や養豚をやってみる。「渦巻型増殖」を目指す（八二〜八三、八七ページ、一〇一〜一〇二ページ、一一九〜一二〇ページ、一二七ページ、一四三、一四五ページ）。そして村の仲間たちとの研究会、組合結成（九四〜九七ページ、九八、一〇一〜一〇二ページ、一四三ページ、一四五〜一四六ページ）等々。これらの取り組みは、貧しいながら、いやそれだからこそ「阿部家をたつるものは自分だ」（八七ページ）と、独立した経営主としての工夫と努力の軌跡に他ならない。

(1)小池基之「農地改革と土地所有の性格」、山田盛太郎編『変革期における地代範疇』岩波書店、一九五六年、二二八〜九ページ。
(2)ただし日本民俗学の柳田國男は、「傳統」（トラヂシオン）という言葉を避けて「民間傳承」と称していた。柳田國男『民間傳承論』共立社、二〜三ページ。
(3)有賀喜左衛門「大家族制度と名子制度」、『有賀喜左衛門著作集』Ⅲ、未来社、一九七七年。
(4)喜多野清一「新田開発村の同族組織」、東京大学社会学会編『現代社会学の諸問題』弘文堂、一九四五年、一五七ページ以下。
(5)喜多野清一「信州更科村若宮の同族婚」、日本民族学会編輯『民族学研究』第三巻第三号、一九三七年、三一ページ以下。
(6)喜多野清一・住谷一彦「日本の家と家族――有賀・喜多野論争の問題点――」、『思想』五二七号、岩波書店、一九六八年、一三五ページ以下。
(7)むろん、小作を独立の経営として分析した研究が無かったわけではない。本文中ですでに紹介した、本書と同じ阿部太一の日記を、「経営史」の観点から扱った田崎宣義の一連の論文などはその一例である。ということはつまり、この阿部太一の日記は、「半封建制」のもとに従属する、不自由な農民としての小作農というような、かつて見られた誤認を打ち破るのに格好な資料なのである。田崎宣義「昭和初期地主制下における庄内水稲単作地帯の農業構造とその変動」、土地制度史学会『土地制度史学』第七三号、一九七六年。田崎宣義「戦時小作農家の地主小作関係」、『一橋論叢』第八〇巻第三号、一九七九年。および、田崎宣義「小作農家の経営史的分析――一九三一・三〜一九三六・二――」一橋大学研究年報　社会学研究21、一九八二年。田崎宣義「小作農家の経営史的分析――一九三六・三〜一九四一・二（二）」一橋大学研究年報　社会学研究22、一九八四年、を参照。
(8)有賀喜左衛門「名子の賦役――小作料の原義――」、『有賀喜左衛門著作集』Ⅷ、未来社、一九六九年、二〇九ページ以下。

【生活の拠点としての家】

しかし、小作農の経営は、「会社」ではない。それは、家族員達からなる家である。貧乏であるからこそ、家族みんなで取り組み、なんとか家族員の生活を成り立たせようと頑張る。弟たちもそれぞれに自動車会社に就職したり、函館に働きに出たり、さらには「満州」にまで行って働いたり、それぞれに収入の道を見つけて、家の経済に寄与する。勤めに出たり、満州に行ったりしても、家から放れてしまうのではない。外に出た弟たちもしかるべき（時には巨額の）金額を、そしてさまざまな生活物資を家に送り届ける（八五ページ、一八五ページ、一九八ページ、二〇二ページ、二〇六～二〇七ページ、二二五ページ等々）。それが、貧しい家の経済にとってどれだけ助けになったことか。函館の弟から送られてきたかまぼこに「狂喜」したりもしている太一一家である（二二六ページ）。また婚出した民恵がおそらくは婚家の必要だろう、杉材を買うための費用を兄の太一にねだっているし、逆にその太一は弟博に豚舎建築代五〇円の借金を申し込んだりもしている（一五〇～一五一ページ）。

右に見た「半封建制論」との関連でいえば、「家」は、「核となる家族の単数または複数を含みながら、家父長制的な家長権の統宰する家権力の下に成立するところの歴史的社会制度」といわれている。[1] 阿部太治兵衛家が崩壊して、そこから傍系の家族員によって新しい家が分出した時、長男だった太一が民法上の「戸主」となり、家の経済を掌握する「家長」役を務めることになるが、しかし、それは「家父長制的」な「権力」といわれるようなものだったであろうか。

見てきたように太一が掌握する家の財布は、決して太一が、「家父長制的」に扱っているのではなかった。弟の就職（一四〇、一七三ページ）、妹の嫁入り（一八七ページ、二〇二ページ）、など家族員それぞれの必要生活費がそのなかから、太一の手を通して支払われる。そのための、家族員全員の生活費のプールが家の経済なのである。それを

「家長」としての太一が管理する。弟や妹だけではない。父や母にも、必要な金銭は太一から手渡される。そしてそのことが日記に記帳される。大変な苦労と思うけれども、それが「家長」の役割なのである。太一の様子を見ていると「権力」というよりも、「よろず世話役」という表現が最もよくあてはまるように思う。こうして家は、そこに関わる家族員全員にとって「必要」な「生活の拠点」、「生活の場」なのであり、「家長」はその責任者であり、その厳しさに堪えて務めなければならない。「自分一人はどうにかこうにか生きては行かれるが、くるりと見渡すときそれはできない、…長男に生まれて来たことをしみじみなさけなく思う」（五二ページ）。

「嫁入り」、そして太一日記には無かったけれども、もしあるならば「婿入り」も、そのような「生活の場」としての家から出る、また入ることである。許嫁であった女性との話も、太一の家の破綻のために解消になり（六五～六六ページ）、その女性は他の「相当な中産階級」の家に嫁に行く（一〇四ページ）。他方、太一が思いを掛けた女性の家が小作料を三年も不納をしたと分かったとき、この女性のことは太一の日記から消えてゆく（一一二ページ）。結局、太一が結婚する相手は母方の従妹であった。結婚は単なる個人の問題ではない（一一九、一二六ページ）。生きてゆくために必要な家の問題なのである。しかしその家とは、明治民法でいう家ではない[2]。生活実態としての、その意味で独立した経営組織としての家であり、家族員全員にとっての生活拠点としての家である。その拠点を如何に解体から守り、育てるかの問題なのである[3]。

結婚する相手の家も、やはり「生活の場」であり、これから親類として互いに助け合いながら生きてゆくことになるはずである。太一の家が破綻した時、婚約者と見なされていた相手の家から見放されたのも、逆に少年時代に思いを寄せた人の家が破綻と見ざるを得なかった時、その思いが消えてゆくのも、その意味ではやむを得ない、しかし当然の成り行きだった。先方の家が生活破綻していたのでは、こちらの家も危うくなる。だから結婚は、単に個人の問題だけではない。むろん個人の問題だが、それに加えて、相手の家を選ばなければならないのは当然である。太一の結婚相手は、母方の従妹でありその意味では安全第一の選定だったけれども、ただそれだけではなく、次第に「妙に好きに」（一一一ページ）になった人であった。

しかも家は、現在生きている「生活の場」であるだけではない。次三男は家の外に職場を求めて働きに出る。それは太一がいうように「獨立」することなのだけれども、そのことに心を配るのは家、つまり家長である。他の家に嫁あるいは婿として出る。これらも家の配慮の下で、家の世話で行われる。独立した弟であっても結婚する時には家の世話になる（一八五〜一八六、一八九ページ）。太一の妹のように、不幸にして離縁になったりしても、戻って来るのは元の家である（一八九、一九四〜一九五、二〇二ページ）。このように、なにかあれば頼るのは家である。そのような意味で「生活の拠点」なのである。だからこそ、独立しても仕送りをして家の経済に寄与する。戦地にある弟から、「いつどんなことがあるかも知れない」と、二五〇円という巨額が送金されたりもしている（一八五ページ）。

(1)喜多野清一『家と同族の基礎理論』、未来社、一九七六年、一二ページ。

(2)法制度としての家と生活実態としての家については、福島正夫『日本資本主義と「家」制度』、「序説」、東京大学出版会、一九六七年、一〜一六ページ、また、川島武宜「イデオロギーとしての『家族制度』」、『日本社会の家族的構成』所収、岩波現代文庫、二〇〇〇年、一四九ページ以下、などを参看されたい。またこの問題について社会学的観点から取り上げた研究としては、米村千代『「家」の存続戦略——歴史社会学的考察——』勁草書房、一九九九年、が優れた知見を示している。

(3)著者はかつて、川北旧飽海郡北平田村牧曽根（現酒田市）の戸籍によって、女子が家の跡を継ぐことは珍しくなく、とくに男子があっても女子が跡を継いでいる事例が少なくないのは、農業労働の担い手を確保するために戸主の年齢との関係で然るべき年齢の女子に婿を迎えるためと推定されるが、明治民法施行後の大正期になると「アニが跡継ぎと決まっていた」といわれており、このあたりに「生活実態としての家」と明治民法下の家との間にズレを見出せると指摘したことがある（細谷昂『家と村の社会学——東北水稲作地方の事例研究——』御茶の水書房、二〇一二年、五九八〜六〇〇ページ）。

【家と親族、同族団】

このような家にとって、互いに助け合う親族は極めて重要である。隣家の破産の巻き添えで、太治兵衛家が破産という破局に直面した時、親身になって相談相手になってくれたのは、近い関係の親族だった（四九～五〇、六〇、六五ページ）。これに対して、「本家」といわれている家の関与は薄い。太一家も土地を借りていたことはあったようであるが、農地改革時の買収、被買収の関係で日記に登場する程度で、破産に際しての相談相手としては登場しない。これは、庄内農民の家がそれぞれ相対的に自立した経営であって、生活の実態として、本家との間の支配・依存の関係はほとんどないからである。他の家に関しても、日記に同族団はほとんど姿を現さない。来記といわれている人（一五、九〇ページ）は、鶴見家の本家のようだが、鶴見孝太郎が代議士にまでなった経緯との関連で重要な役割を果しているようには見えない。木村久兵衛家の「まき」の「仲のよい」ことに感心しているが（一八二ページ）、これはむしろ大地主を中心とする経済的まとまりとして理解した方がよさそうである。川北になるが、旧北平田村（現酒田市）でのある農家への面接で「本分家の付き合いは冠婚葬祭だけ」という証言を得ているが[1]、確かに太一家の場合も妹美香を病で失った時、葬式の準備に駆けつけてくれたのは、近隣の親しい家の他、「本家」と記されている。『大泉村史』によると、白山には「今はさまざまの名字の人が住んでいるが、…長い間の分家又その分家と今に至るまで、どれが本家か分家やらという風になってしまった」とのことである[2]。このような同族団の影が薄い庄内農村の実態は、大きな歴史の流れを振り返ってみると、おそらく近世江戸時代、とくに元禄前後の頃、日本海航路の発展によって中世以来の族団的組織からの労働力の流出、その解体が進み、他方また稲作経営の集約化によって、家族単位の個別経営の自立化がみられたことによると考えられる[3]。

(1)二〇〇七年九月時点の著者の調査ノートによる。
(2)北村純太郎『大泉村史』西田川郡大泉村、一九五六年、三四一ページ。
(3)拙著『家と村の社会学――東北水稲作地方の事例研究――』御茶の水書房、二〇一二年、四六八ページ以下、を参照されたい。その意味では、有賀喜左衛門の旧南部藩領石神モノグラフと庄内の家、村、同族団との比較検討は興味ある研究課題をなすと考えられよう。

【時代の影】

この時代、家の成員の出入りに、大きく関わっていたのが、「徴兵」であり、「満州」であった。太一の弟も含めて、次三男の就職先に「満州」が大きく姿を現している。日本資本主義の対外侵略の道である。弟が戦地に出発する時「今生の思い出」とばかりに皆で湯野浜に行ったりもしている（一七四～一七五ページ）。しかし村の家々には、戦死の報が次々に届いている。太一の弟たちは皆無事に戻ってきたが、これはまことに奇跡ともいうべき幸運であった[(1)]。前線に出た弟の鉄兜には、被弾した後が残っていた（一八一～一八二ページ）。植民地や戦地で死んだ多くの若者は次三男だったのではないか。また、農耕にとって貴重な馬も次々に戦地に送られる。代わりに「鮮牛」が配られる（一七〇、一七六ページ）。ここにも「時代」が現れている。

(1)かつての「満州」移民とその人々に関しては、我孫子麟『「満州」分村移民の思想と背景』、『東日本国際大学紀要』第一巻第一号、一九九六年、我孫子麟「悲しみと恨みの大地――黒龍省旧開拓地跡駆け歩き――」日本民主主義文学会『波動』第三二号、二〇〇七年一〇月一一～一二五ページ、などを参照されたい。また、川北になるが、飽海郡北平田村の「満州移民」については、簡単ながら、前掲、拙著『家と村の社会学――東北水稲作地方の事例研究――』御茶の水書房、二〇一二年、八四七～八五一ページ、に紹介しておいた。

【必要の村と習俗の村】

本書では「村つまり部落」という呼び方をしばしば使用しているが、これは、庄内地方では明治以降、藩政村が多くの場合「部落」と呼ばれたからである。つまり、庄内では藩政村が明治の町村制によっていくつか併合されて近代の行政村になり、その下で旧藩政村は行政的な区域としては「大字」と呼ばれたが、そこに住む家集団については一般に「部落」と呼ばれたのである。いうまでもなく、差別用語としてのそれではない。近年、行政的には「集落」と呼ばれることが多いが、集落とは本来家々が集まって存在しているという、景観的な意味であろう。景観的に散居村であっても、「部落」と呼ばれることはある。「部落」といわれる場合には、たんに家々が集まって存在しているという意味ではなく、そこで営まれている家々の生産と生活のまとまりを意味している。富山県砺波の散村地帯を訪問した時の著者の面接記録によると、この辺りにも「部落」はあって、それは藩政村の範囲である。一見して境は不明だが、厳然として区画はある、とのことであった。それぞれの部落には、「部落長」、「宮総代」、「生産組合長」等々の役職があった(1)。

ところで、破産によって小作農に転落して、阿部太治兵衛家から分離独立した太一家にとって、このような意味での村とは何だったのであろうか。まず、村のお祭りなのに、「村に入っていない」ので祭りには招かれない、という記事が目につく。父親はそれほど気にしていないようだが、母親は、嫁を貰うにしても「甚だ具合が悪い」と深刻である（八六ページ）。しかし、祖父が亡くなった時、「親族の衆」が村方に願ってくれて「けやく貰った」ので、ようやく葬式をすますことができた（七五ページ）。他方、「水戸守」の相談には、当然のことのように呼び出されている（八八ページ）。村祭りに太一家が出ていなくても、祭りを行うのにさほど困らないが、火葬や葬式を出せなければ深刻な問題になるし、小作とはいえ三町歩近い田を作っている太一家が欠けては水管理に関わる相談事はできない。他方、太一家も村勘定で「人夫出役代七六銭」を受け取っている（一三三〜一三四ページ）。つまり、仕事の内容は書いてないので分からないが、村仕事には出て、人夫賃を受け取っているのである。これらで見ると、家々の生産と生活に関わる必要事に関しては「村に入っていない」太一家も、その必要に応じて召集され、参加しているのである。そしてやがて太一家の「村入り」が村つまり部落の初寄合で審議され、その条件として昔のように「酒一樽」というわけにはいかず、「二十円を出金する」必要があるといわれる。村の財産である「白山神社の田地」があるからだという。そして、この金額を納めて実際に「村入り」するのはもっと後、昭和一一年のことであった（九〇、一四四ページ）。これらの記事で見ると、「村に入っていない」ことで外されるのは、祭りや婚礼などの、村の習俗に関わることのようである。毎日の生産と生活にとって必要なことについては、太一家が実態として村の中で活動している以上、呼び寄せられ、参加させられているのである。これを、今仮に「必要の村」と「習俗の村」と呼んでおきたい。家々の村関係は、その淵源を辿れば、それらの家々の生産と生活の必要から形成され確立して行ったものであろう。それが基本であることは、疑いえない。しかし、そのような必要から習俗へと、何時、如何にして形成されて行ったのかを明らかにすることはかなり難しい。が、しかし翻って考えてみれば、形成過程の説明ができないから「習俗」なのであろう。このあたり民俗学と社会学との関連と区別の問題がかかわりそうだが、現在の著者にはそれ以上深入りすることはできないので、ここで論述を打ち切るしかない。

(1) 一九八九年一〇月時点の著者の調査ノートによる。

【太一日記から見えて来ないもの】

他方、太一日記には端的にいって女性の気持ちや態度、行動についての記述が薄い。母親が娘の嫁の件で「巫女」を訪ねたり（一八四ページ）、息子の「合格お礼参り」でお稲荷さんに出かけたりしている（一六五ページ）。それを迷信といってしまえばそれまでだが、このような時の年老いた母親は何を感じ、何を思っていたのであろうか。その心持ちは太一の日記からは窺い知ることはできない。また、妹が「居眠りする」という理由で離縁された時（一八九、一九四〜一九五ページ）、むろん太一は激怒しているが、その時の妹自身の気持ち、行動、態度は分からない。またその再婚についても、本人の気持ちは分からない。再婚先で「「案外面白そうで安心」と記されているだけである（二〇二ページ）。

【稲作農家の女性の役割分担について付論】

しかし事実についての叙述で、女性に関して重要なのは、水稲作地帯庄内で、しかし不可欠な畑作は女性の仕事として任されていて、その生産物を町に売りに行って家の経済に寄与するのも女性の仕事になっていること（一六二、一六五、一六七〜一六八ページ等）である。単に家内部の仕事の分担だけでなく、村レベルでも「婦人組合で畑視察をやり、豆会で歓談をつくし」（一五〇ページ）たりしている。これらは、これまで農民の家あるいは村のあり方として、必ずしも充分に論じられて来なかった点ではなかろうか。近年庄内地方でも「農産物直売所」の開設が盛んであるが、その主役は女性であり、そのことの背景には、以上のような、歴史的に畑作は女性が主役であったことがあると理解することができよう(1)。

(1)庄内地方における農村女性の役割については、永野由紀子『現代農村における「家」と女性――庄内地方に見る歴史の連続と断絶――』刀水書房、二〇〇五年、を参照されたい。また、庄内におけ農産物直売所については、拙稿「農産物直売所と女性たち」、『村落社会研究ジャーナル』第二二巻第二号、日本村落研究学会、二〇一六年四月、を参照されたい。

【追悼】

以上で、「太一日記」の紹介と検討を終わることにしたい。阿部太一の「日記」自体は、もうしばらく続くけれども、先に述べたように、そこに記録された農地改革後の阿部太一家の農業経営の動向については、日記に記された数値によって、著者の既刊の著書において概略ながら紹介しているので、それと重複する記述は避けたい。が、ここでどうしても表さなければならないのは、日記の筆者阿部太一に対するわれわれの追悼の気持である。その意味で、最後に地元の新聞『荘内日報』の二〇〇一(平成一三)年七月二八日版に掲載された、阿部太一に対する追悼文を紹介したい。筆者は、時の荘内日報論説委員松木正利である、松木は、著者を阿部太一に紹介して、本書を執筆するきっかけを作ってくれたその人である。本書最後のまとめとしてまことにふさわしいといえると思う。

追悼阿部太一さん

松木正利

歌人の阿部太一さんが亡くなった。阿部さんの思い出を公私にかかわりなく、思い出すままに順不同につづり、追悼の心を重ねる。

一九九八年師走某日、阿部さん来社。「庄内歌壇の一年」の原稿を預かる。二百字詰原稿用紙百枚をゆうに超す。五九年以来本紙に年一度掲載してきた恒例の原稿は、今回四十回目だと言われた。年内中、できるかぎり早めに、と念をおされる。それは次の言葉とともに忘れ難い。

大略、「上野甚作賞」が制定された年を第一回として書いて来たが、同賞五十回を記念し、平成二十年には、「庄内歌壇五十年史」（仮称）の執筆に入りたい、ついてはよろしく、協力を。が、話の骨子。その意欲に圧倒される思いであった。

編集局内で記者諸君と年齢を指折り数え、「百歳からの仕事を言っている」と、言い知れぬ阿部さんの気魄に打たれたものであった。

‡

「ゆど」。稲の害虫・うんかの昔の防除法の一つ「注油駆除法」、またはその器具のことも言った。阿部さんのお宅での害虫談義から、ゆど話が始まった。

加藤陸奥雄博士の「害虫概論」を一、二度しか読んでいない筆者にとって、往時の人間と害虫の闘いは想像を絶するものであった。

その、昔の害虫駆除の実際と「ゆど」を承ると、広大な庄内平野の害虫をブリキ缶の〝油差し〟で立ち向かう農民の姿に感動に似た心の高ぶりを覚えたもの。

この駆除の原理はこうだ。ブリキの油差しに鯨油を入れて、水を張った水田一枚ずつに鯨油を流して油の皮膜を作ったところへ、稲についていたウンカを払い落とし、皮膜で溺死（できし）させるもの。時代は鯨油から石油に変わるが、原理は同じだ。

夏のウンカは翅が短く飛べない。理にかなってはいた。その「ゆど」は、阿部さんの土蔵の中に近年まであった。

‡

近代、というよりは現代のと言った方がいいかもしれないが、庄内の農民歌人の系譜は上野甚作から始まる。甚作の指導を受けた阿部さんは、〝甚作本流〟の農民歌人だと言える。

庄内の農民歌人は農業上の研究や工夫をやめない。阿部さんの農業歌人たる理由は、稲作の豊・凶作予知ができないだろうか、と協力者とともに午前十時の気温の観測を五十数年間、休まず続け、それを詠む。

・過ぎ去りの豊凶交ごもの四十五年間百葉箱も四個建て替ふ

一九〇七年に発刊された稲垣乙丙博士の「稲作豊凶予知新論」に巡り合い、自費で百葉箱と観測機器を整えて観測を始めた。これが本紙上で報道され、筆者も書かせてもらったが、豊・凶が夏の暑さと関係するため、天気予報的な面にウェートが置かれた報道になる。今となっては、稲垣・阿部説は、日進月歩と言うよりは、時進分歩のジャンルにあって、恐らく天気にかかわる専門家は問題にすることはなかったはずだ。が、その現代で天気予報の的中率には不満が残る。

午前十時の四月気温が八月気温と関係ある、という稲垣・阿部説ではあるが、昔から「四月に霜降れば、百姓やめて奉公せよ」の古いことわざに原点を見る。今年の四月気温は高く、この分では八月も高そうだ。阿部さんの自信を深めたお顔が浮かぶ。

‡

平成二十年、百歳で庄内歌壇五十年史をと言われた印象が深かったため、六月中旬、病院に検査入院したが、重病であるとは思わなかった。六月二十二日にえにしだ吟行会、また七月八日、新庄での県歌人クラブ総会と大会も、ともに無届け欠席したことから、病は重いのではないか、と推測されていた。

しかし、七月「えにしだ」には変わらずに出詠。なかにダダチャ豆が伊達地域にないことが通説になっても、なおその表記に固執する辺り、たいしたことはない、と独り断じていた。

・伊達茶豆移植の適期しかあれど待望の雨降らぬ日続く

が、二十七日付本紙訃報の通りの結果になってしまった。今は、ご冥福（めいふく）を祈るよりほかにすべはない。

‡

阿部さんは、月末には発行される「エニシダ」八月号にも八首、作品を送っていた。検査入院のときに書いたのであろうか。山形・金雀枝短歌会の了解を得て、うち、季節にずれはあるが、農村歌人らしい二首を紹介して筆をおく。

・雨降らぬことの故にかわが山の孟宗竹はいまだも萌えず

・老い故に事はかどらぬ昨日今日村の古木に郭公の鳴く

（論説委員）

あとがき

本書は、著者の庄内モノグラフの三冊目にあたる。これまでに刊行してきたものと併せてそれらの書名を掲げておくと、左の通りである。

『家と村の社会学――東北水稲作地方の事例研究――』御茶の水書房、二〇一二年
『庄内稲作の歴史社会学――手記と語りの記録――』御茶の水書房、二〇一六年
『小作農民の歴史社会学――「太一日記」に見る暮らしと時代――』御茶の水書房、二〇一九年

しかしこれ以前に、菅野正・田原音和両先輩との共著が二冊あった。

『稲作農業の展開と村落構造――山形県西田川郡旧京田村林崎の事例――』御茶の水書房、一九七五年
『東北農民の思想と行動――庄内農村の研究――』御茶の水書房、一九八四年

この他にも、村落社会研究会（現在の日本村落研究学会）の機関誌などに発表した論文も少なくないが、それらについては、ここでは省略することにさせて頂きたい。

著者が、山形県庄内地方に社会調査のために初めて訪れたのは一九六〇年のことであった。この時は統計的調査であり、その予備調査・補充調査を含めて数回庄内農村を訪問しているが、そこから事例調査研究に転じて庄内を一人で訪問するようになったのは、一九六六年からである。そして、菅野正・田原音和両先輩との共同調査が始まったのは、一九七〇年からであった。仙台出身で農村社会については全くの素人であった著者が、なんとか農村調査研究を続けて、それなりの知見を獲得することが出来たのは、この両先輩と歩いて身に付けた日本農村社会についての基本認識、調査手法等のおかげであった。

著者が社会調査のために庄内農村を訪問するようになってから六〇年近く、この間、庄内地方の方々には本当にお世話になった。いろいろとお話を伺ったり、貴重な資料を提供して頂いたりしてきたが、そのおかげが右に記した研究成果である。

戦後いち早く刊行された社会調査法の古典的な教科書、福武直『社会調査』岩波全書、一九五三年、によると、事例調査あるいはモノグラフ調査は、統計的調査とは異なって、「多数の特性や要因を連結して全面的包括的に因果連関をインテンシブに調査することができる。すなわち、問題の諸相が有機的に相互に関連する全体として、いろいろの角度から深く研究される」とされているが、著者等の庄内農村調査は、まさにこのモノグラフ調査に当たるものだった。それだけに、繰り返し庄内にお訪ねし、多くの方々から「全面的包括的」にお話を伺い、さまざまなお世話を頂いた。

お世話になった庄内の方々の中心はいうまでもなく農家の皆さんだが、その他にも、市町村役場や農協職員の方々、各地の図書館や資料館、また時には社寺の関係者の方々などにもご協力頂いた。この場を借りて、これらすべての方々に心からお礼申し上げたい。しかし本書でご登場頂いた阿部太一さんを含めて、今ではお会いできなくなってしまった方も少なくない。ご冥福をお祈り申し上げる次第である。

なお、本書は、二〇一六年から二〇一九年まで、仙台で三三回にわたって行われてきた「村落研究を語る会」において、著者が報告した「太一日記――暮らしと時代――」が元になっている。この「語る会」においては、報告に関して、多くの知見や示唆を得ることが出来た。本書の刊行に当たって、「語る会」の呼びかけ人および参加者各位にあつくお礼申し上げたい。

最後に、右に記した書名をご覧頂けばご理解頂ける通り、著者達の庄内モノグラフの著作は、すべて御茶の水書房から刊行されている。学術書の出版社として、これまで長くお世話を下さった同書房の橋本盛作社長と、編集担当の小堺章夫氏にお礼申し上げて、本書を閉じることにしたい。

二〇一九年五月

著者記す

著者紹介

細谷　昂（ほそや　たかし）
1934年　生まれ
1962年　東北大学大学院文学研究科博士課程（単位取得）退学
1962年　東北福祉大学社会福祉学部講師（都市農村問題など担当）
1963年　東北大学川内分校講師（社会学担当）
1966年　東北大学教養部助教授（社会学担当）
1977年　東北大学教養部教授（社会学担当）
1993年　東北大学大学院情報科学研究科教授（社会構造変動論担当）
1998年　東北大学定年退職
1998年　岩手県立大学総合政策学部教授（社会学担当）
2005年　岩手県立大学定年退職

《主要著書》
『稲作農業の展開と村落構造』（萱野正・田原音和と共著）御茶の水書房、1975年
『マルクス社会理論の研究』東京大学出版会、1979年
『東北農民の思想と行動―庄内農村の研究―』（萱野正・田原音和と共著）御茶の水書房、1984年
『農民生活における個と集団』（小林一穂・秋葉節夫・中島信博・伊藤勇と共著）御茶の水書房、1993年
『沸騰する中国農村』（萱野正・中島信博・小林一穂・藤山嘉夫・不破和彦・牛鳳瑞と共著）御茶の水書房、1997年
『現代と日本農村社会学』東北大学出版会、1998年
『再訪・沸騰する中国農村』（吉野英岐・佐藤利明・劉文静・小林一穂・孫世芳・穆興増・劉増玉と共著）御茶の水書房、2005年
『家と村の社会学―東北水稲作地方の事例研究―』御茶の水書房、2012年
『庄内稲作の歴史社会学―手記と語りの記録―』御茶の水書房、2016年

小作農民の歴史社会学――「太一日記」に見る暮らしと時代――

2019年9月17日　第1版第1刷発行

著　者　細　谷　　昂
発行者　橋　本　盛　作

〒113-0033　東京都文京区本郷5-30-20
発行所　株式会社　御茶の水書房
電話：03-5684-0751

Printed in Japan
組版・印刷／製本　モリモト印刷㈱

ISBN 978-4-275-02114-4　C3036